21世纪高等学校数字媒体艺术专业系列教材

U0152652

Maya Arnold

材质灯光渲染技术从入门到实战 <small>微课视频版</small>

周京来 ◎ 著

清华大学出版社

北京

内 容 简 介

本书主要介绍Maya软件Arnold材质灯光渲染应用技术，通过玉石材质渲染、橙汁饮料材质渲染、石膏雕像材质渲染、青铜雕像材质渲染、葡萄酒静物材质渲染、国画水墨荷花材质渲染、汽车材质渲染等经典案例讲解，深入介绍Maya软件Arnold材质灯光渲染技术方面的综合应用，重点介绍Maya Arnold渲染器的应用及Arnold材质灯光渲染技术技巧。本书案例新颖，经典易懂，具有很强的实战性和参考性，各个案例均由案例分析、案例操作和课后练习三部分组成，层次分明、步骤清晰、内容翔实。

本书配套微课视频、场景模型和相关案例工程文件，能满足高等院校三维材质灯光渲染课程教学的实际需要。本书适合作为全国各院校动漫设计与制作、数字媒体、游戏设计、影视动画等专业的教材，也可供材质灯光渲染制作人员参考使用，还可作为影视动画培训班的培训教材。

图书在版编目（CIP）数据

Maya Arnold 材质灯光渲染技术从入门到实战：微课视频版 / 周京来著 . —北京：清华大学出版社，2024.2

21 世纪高等学校数字媒体艺术专业系列教材

ISBN 978-7-302-65379-0

Ⅰ. ① M… Ⅱ . ①周… Ⅲ . ①三维动画软件－高等学校－教材 Ⅳ . ① TP391.414

中国国家版本馆 CIP 数据核字（2024）第 020946 号

责任编辑：刘 星
封面设计：刘 键
责任校对：申晓焕
责任印制：宋 林

出版发行：清华大学出版社
    网 址：https://www.tup.com.cn，https://www.wqxuetang.com
    地 址：北京清华大学学研大厦 A 座   邮 编：100084
    社 总 机：010-83470000   邮 购：010-62786544
    投稿与读者服务：010-62776969，c-service@tup.tsinghua.edu.cn
    质 量 反 馈：010-62772015，zhiliang@tup.tsinghua.edu.cn
印 装 者：三河市君旺印务有限公司
经 销：全国新华书店
开 本：188mm×260mm   印 张：12   字 数：300 千字
版 次：2024 年 2 月第 1 版   印 次：2024 年 2 月第 1 次印刷
印 数：1 ~ 2000
定 价：99.00 元

产品编号：102662-01

　　灯光渲染师具有非常广阔的市场和就业前景，电影、游戏、动漫、广告、自媒体等行业都是对灯光渲染需求比较旺盛的行业。

　　"材质灯光渲染"是高等院校三维动画专业中重要的专业课程之一，也是动漫行业、影视行业、游戏行业、CG动画行业中重要的工作之一。在高等院校开设本课程要本着"因材施教"的教育原则，把理论环节与实践环节相结合，从易而难，深入浅出，逐步展开知识点，以掌握实用技术为原则，以提高动画专业教育为目标。

　　时光荏苒，岁月如梭。编者从毕业到现在一直工作在生产第一线，希望把多年在工作中积累的行业经验和实战技巧，以及在高等院校教学中积累的教学经验分享给读者，将最新的材质灯光渲染流程呈现在读者面前。同时希望更多的影视动画爱好者了解并加入CG行业，加速国内影视、动漫、游戏、动画产业的发展。

　　本书根据编者多年项目经验编写而成，基于"授人以鱼，不如授人以渔"的理念组织内容。让读者快速有效地掌握实用的专业技能，成为社会技术应用型人才，是编者编写这本书的初衷。希望本书能给广大读者带来实实在在的帮助，帮助他们提高专业技能并最终成为优秀的灯光渲染师。

一、内容特色

● 精品原则

　　本书编者来自工作第一线，工作中每天接触的、使用的、学习的、研究的内容就是如何在保证工作质量的基础上，提高工作效率。因此，本书力求语言简练、图文并茂，案例根据新技术、新标准、新规范等编写，每章案例都配有微课视频，传袭经典，突出前沿，着力打造精品。

● 实用原则

　　本书编者有丰富的教学经验和实践经验，案例均为原创，紧扣实战技巧。内容安排从基础知识、简单实例逐步过渡到符合生产要求的成熟案例，突出技术应用，做到职业标准、岗位要求的有机衔接。在文字叙述上，摒弃了枯燥的平铺直叙，而是采用案例分析引导的方式。

● 创新原则

　　采用五维一体教学法中的"项目实践法"的教学方式。案例设计新颖，有很多技巧提示，使读者不仅可以学到系统的材质灯光渲染流程，还可以激发艺术创作思维，从而能够轻松地创造出自己想要的作品渲染效果。

二、结构安排

本书揭秘三维材质灯光渲染制作流程，传授业内材质灯光渲染技术，突出综合案例应用实战技巧。全书共8章。第1章为材质灯光渲染基础；第2章为玉石材质渲染案例；第3章为橙汁饮料材质渲染案例；第4章为石膏雕像材质渲染案例；第5章为青铜雕像材质渲染案例；第6章为葡萄酒静物材质渲染案例；第7章为国画水墨荷花材质渲染案例；第8章为汽车材质渲染案例。通过学习Arnold渲染器的应用及质感表现，可以应用于工作中的基础材质，准确表现物体纹理质感。通过学习模型质感表现、灯光布光技巧、分层渲染合成，能够胜任模型产品展示、灯光渲染等相关工作。

三、配套资源

本书提供以下相关配套资源：

● 素材文件、案例工程文件、习题答案等资源，扫描目录上方的二维码下载。

● 教学课件、教学大纲等资源，扫描封底的"书圈"二维码在公众号下载，或者到清华大学出版社官方网站本书页面下载。

● 微课视频（390分钟，16集），扫描书中相应章节中的二维码在线学习。

注：请先扫描封底刮刮卡中的二维码进行绑定后再获取配套资源。

本书适用于Maya 2020及以上版本的学习，有一定软件操作基础效果更佳。读者在学习本书时，可以一边看书，一边看视频，学习完每个案例后，可以在计算机上调用相关的工程文件进行实战练习。

四、致谢

本书由高级工艺美术师周京来编写。本书能够顺利出版，要感谢编者的父母、同事、领导和朋友们的支持与鼓励，特别感谢精英集团、精英教育传媒集团、河北精英影视文化传播有限责任公司、河北天明传媒有限公司、北京精英远航教育科技有限公司、石家庄工程职业学院、河北传媒学院、河北劳动关系职业学院、河北化工医药职业学院、河北工业职业技术大学和河北清博通昱教育科技集团有限公司的领导与同事们的鼓励和帮助。

编者一直信奉古人说的"书山有路勤为径，学海无涯苦作舟"。路虽远，行则将至，事虽难，做则必成。人生的价值在于不断追求，现在的努力和付出，未来一定会有收获。

限于编者的水平和经验，加之时间比较仓促，疏漏或者错误之处在所难免，敬请读者批评指正。

周京来

2023年11月

C O N T E N T S **目 录**

配套资源

1 第1章 材质灯光渲染基础

49　第2章　玉石材质渲染案例

视频讲解：22分钟（2集）

63　第3章　橙汁饮料材质渲染案例

视频讲解：71分钟（5集）

86　第4章　石膏雕像材质渲染案例

视频讲解：60分钟（3集）

104 第5章 青铜雕像材质渲染案例

视频讲解：49分钟（1集）

120 第6章 葡萄酒静物材质渲染案例

视频讲解：73分钟（2集）

144　第7章　国画水墨荷花材质渲染案例

视频讲解：47分钟（1集）

161　第8章　汽车材质渲染案例

视频讲解：68分钟（2集）

第1章　材质灯光渲染基础

教学目标

- 学习材质灯光渲染的相关理论知识
- 掌握 Maya 基础操作
- 掌握灯光照明系统
- 掌握灯光布局及布光技巧
- 掌握摄影机设置技巧
- 掌握渲染设置技巧

1.1　Maya 软件概述

1.1.1　Maya 软件简介

　　Maya是目前世界上最为优秀的三维建模、影视动画、游戏设计、电影特效渲染高级制作软件之一，它由业界最具创意的专业人员开发而成，最早由美国Alias公司于1998年推出，该软件曾获得过奥斯卡科学技术贡献奖。2005年，Autodesk公司花费1.82亿美元现金收购Alias公司，并且发布了Maya 8.0版本，从此Alias正式改名为Autodesk Maya。Autodesk公司每年都进行软件版本的更新与完善。Maya 2020软件开启界面如图1-1所示。（注：本书所讲内容适用于Maya 2020及以上版本的学习。）

图1-1

Maya作为一款顶级三维动画制作软件，深受世界各地顶级专业三维艺术家及动画师的喜爱。Maya功能强大，声名显赫，是制作者梦寐以求的制作工具，掌握Maya软件，会极大地提高工作效率和产品质量，调节出逼真的角色动画，渲染出电影级别的真实效果。Maya凭借其强大的功能、高大上的用户界面和丰富的视觉效果，一经推出就引起了游戏、影视、动画界的广泛关注，成为世界顶级三维动画制作软件，如图1-2所示。

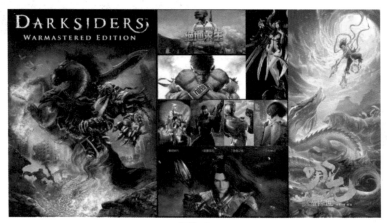

图1-2

1.1.2　Maya 应用领域

Maya能够快速高效地制作逼真的角色、无缝的CG特效和令人惊叹的游戏场景，被广泛应用于角色动画制作、电影场景角色制作、电影特技、电视栏目包装、电视广告、动画片制作、游戏设计、工业设计等领域。

国产三维动画正在日益崛起，Maya软件参与了国内动画电影《魔比斯环》《秦时明月》《大圣归来》《白蛇缘起》《哪吒之魔童降世》《姜子牙》等影片，如图1-3所示。

图1-3

Maya软件从诞生起就参与了多部国际大片的制作，从早期的《玩具总动员》《变形金刚》到后来热映的《阿凡达》《功夫熊猫3》《海洋奇缘》等众多知名影视作品的动画和特效都有Maya的参与。Maya参与制作的经典电影，如图1-4所示。

图1-4

Maya有着广泛的应用领域，它能满足游戏开发、角色动画、电影、电视视觉效果、虚拟现实和设计行业方面日新月异的制作需求，专为流畅的角色动画和新一代的三维工作流程而设计。新版本给予设计者新的创作思维与工具，让用户可以更方便、更自由地进行创作，将创意无限发挥，提供更加完整的解决方案。

1.2 Maya 基础操作

1.2.1 视图布局

视图窗口是用于查看场景中对象的区域。视图布局既可以是单个视图窗口（默认），也可以是多个视图窗口，视图布局的方案灵活多变，具体可根据用户需要随时改变。可以按组合键Ctrl+Shift+M来切换窗口工具栏的显示。

在Maya软件中有一个标准的四视图，分别是顶视图、透视图、前视图、侧视图，以方便用户从各个角度观察、操作，如图1-5所示。

1.2.2 视图切换

在多个视图中相互切换，是将鼠标选择在要进行切换的视图上，按键盘上的空格键就可以使当前的视图最大化显示，若再次按下空格键就会恢复原来的视图布局，如图1-6所示。

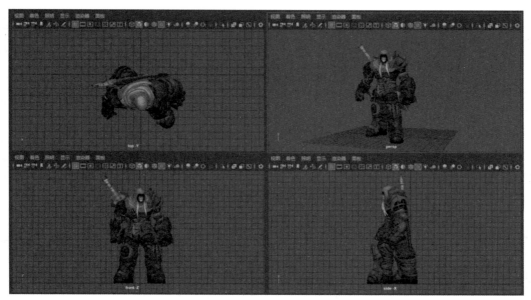

图1-5

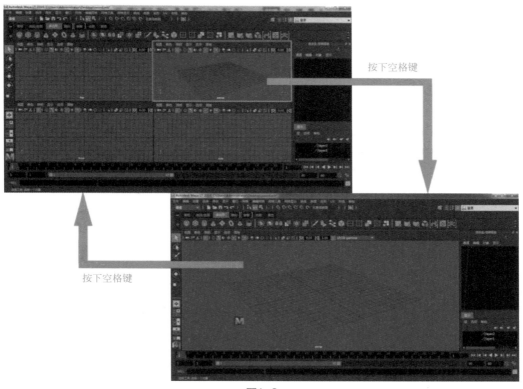

图1-6

　　在任意视图中按住空格键会出现浮动菜单命令，同时在中心区Maya热键盒上用鼠标左键或右键滑动选择要切换到的视图，然后再松开空格键，即可切换到想要的视图，如图1-7所示。熟练视图切换操作将有助于工作效率的提高。

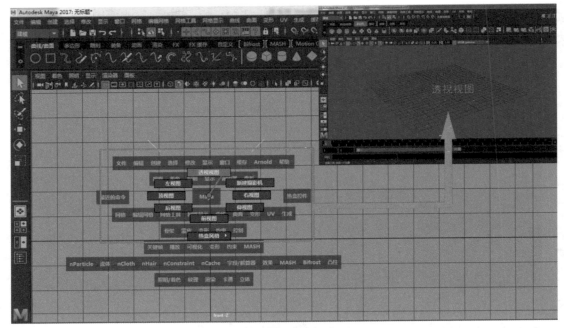

图1-7

1.2.3 视图操作

1. 旋转视图操作

按Alt键 + 鼠标左键可旋转视图,如图1-8所示。注意,只适用于三维透视图操作。

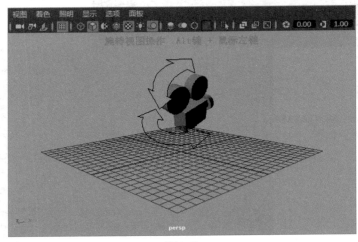

图1-8

2. 平移视图操作

按Alt键 + 鼠标中键可平移视图,如图1-9所示。适用于任何视图操作。

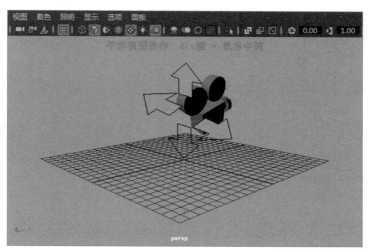

图1-9

3. 推拉视图操作

按Alt键 + 鼠标右键可推拉视图（Alt键+鼠标右键向右拖动为拉近、向左拖动为拉远、向上拖动为推远、向下拖动为推近），如图1-10所示。适用于任何视图操作。

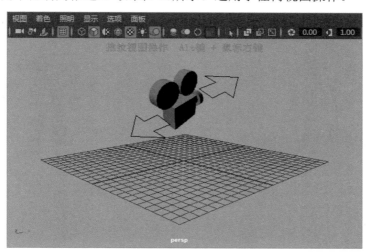

图1-10

1.2.4　视图显示

1. 线框显示模式

快捷键为键盘上数字键4。视图中的模型物体将以线框模式显示，如图1-11所示。

2. 实体显示模式

快捷键为键盘上数字键5。视图中的模型物体将以材质模式显示，如图1-12所示。

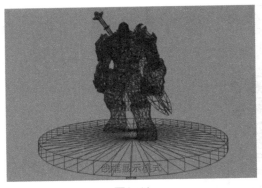

图1-11

图1-12

3.材质贴图显示模式

快捷键为键盘上数字键6。视图中的模型物体将会显示出链接在其表面上的纹理贴图，如图1-13所示。

4.灯光显示模式

快捷键为键盘上数字键7。视图中的模型物体将会显示出受到灯光照射的效果，可以在视图中看到灯光照射颜色、照射范围和投影效果等，如图1-14所示。

图1-13

图1-14

1.2.5 对象操作

1.平移对象或组件

移动工具，也称为"平移工具"，主要用于更改模型对象或组件的空间位置。

单击工具箱中的"移动工具"图标 ■，或按快捷键 W 键可以激活移动工具。

通过以下方法使用移动操纵器（见图1-15）可以更改选定对象的空间位置。

（1）拖动中心控制柄以在视图中四处自由移动。

（2）拖动箭头可以沿轴移动。

（3）拖动平面控制柄以沿该平面的两个轴进行移动。例如，拖动绿色的平面控制柄可沿 XZ 平面移动。

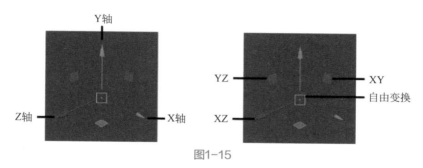

图1-15

（4）单击箭头或平面控制柄使其处于活动状态（黄色），然后使用鼠标中键在视图中的任意位置拖动以沿该轴或平面移动。

（5）按Ctrl键并单击箭头以激活其相应平面控制柄。

2. 旋转对象或组件

旋转工具，主要用于旋转对象或组件，旋转后将更改其方向，旋转围绕对象枢轴进行。

单击工具箱中的"旋转工具"图标 ◼，或按快捷键E键可以激活旋转工具。

通过以下方法使用旋转操纵器（见图1-16）可以旋转选定的对象。

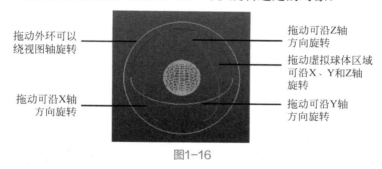

图1-16

（1）拖动各个环可以绕不同的轴旋转。

（2）拖动蓝色外环在屏幕空间中旋转，以朝向摄影机。旋转轴将会更改，具体取决于摄影机的角度。

（3）在旋转环的灰色区域之间拖动，可以围绕任意轴自由旋转。

3. 缩放对象或组件

缩放工具，主要用于缩放对象或组件，缩放后将更改其大小，缩放从对象的枢轴处开始。

单击工具箱中的"缩放工具"图标 ◼，或按R键可以激活缩放工具。

通过以下方法使用缩放操纵器（见图1-17）可以缩放选定的对象。

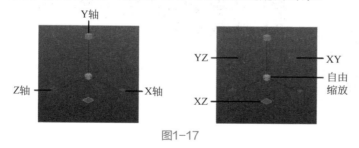

图1-17

（1）拖动中心框可以沿所有方向均匀缩放。

（2）沿 XYZ 轴控制柄的长度方向在任意位置拖动，以便沿该轴进行缩放。

（3）拖动平面控制柄以沿该平面的两个轴进行缩放。例如，拖动绿色的平面控制柄可沿 XZ 平面缩放。

（4）单击轴或平面控制柄使其处于活动状态（黄色），然后使用鼠标中键在视图中的任意位置拖动以沿该轴或平面缩放。

（5）按 Ctrl 键并单击一个框以激活其相应平面控制柄，然后进行拖动以沿该平面缩放。

1.3 Maya 渲染流程

不管是影视动画行业还是游戏制作行业，创作完成一幅精美的作品，掌握渲染流程都至关重要，因为每一个步骤都会影响作品最终的呈现效果。通常我们所说的渲染流程，指的是为场景中的模型UV贴图、设置材质、灯光布局、确定摄影机角度并在渲染设置调整参数以控制最终图像的渲染采样等一系列工作流程，让计算机在一个合理的时间内渲染出令人满意的图像。实际工作中的渲染流程以及执行它们的顺序可以是变化的，渲染是个反复的过程，在该过程中可以先调整灯光、纹理和摄影机构图，然后再调整场景的灯光设置或者可视化更改，对结果感到满意时，可以渲染最终的图像。这里以游戏角色创作为例，Maya渲染流程通常根据游戏原画分为创建角色模型、模型UV贴图、模型灯光布局、模型分层渲染、图像合成等几个关键步骤进行制作，如图1-18所示。

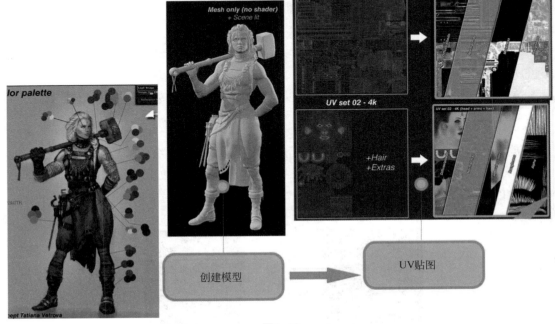

图1-18

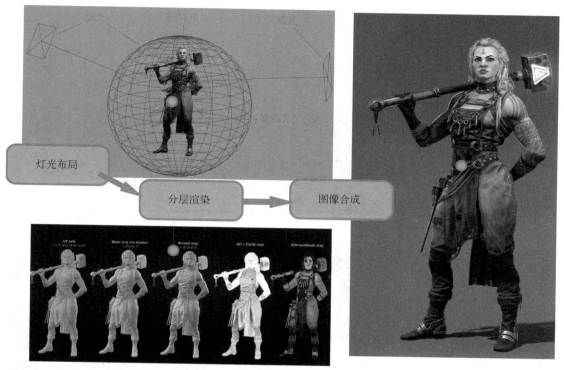

灯光布局 → 分层渲染 → 图像合成

图1-18 （续）

1.4 材质与贴图

1.4.1 初识材质纹理

材质是指物体的材料质地，主要用来渲染模型表面的色彩、质感、光泽和通透程度等可视属性，通过对光的反应与纹理两大方面，模拟现实中的各类材质，如木质、塑料、金属或者玻璃等，如图1-19所示。在Maya软件中，材质功能几乎可以模拟制作任何我们现实世界中的物体特性。在行业制作规范中，一般来说模型完成后就需要对模型进行着色，通过材质环节，模型才有了色彩与质感。

纹理，通常指附着在材质上的纹理贴图。在三维世界中材质和纹理密切相关，初学者很容易混淆，认为纹理就是材质，严格来说材质和纹理是两个概念。简单来说，材质是物体本来的质地，而纹理则是通过图像来改变模型表面的颜色和凹凸纹理，纹理要有丰富的视觉感受和对材质质感的体现。例如，在图1-20所示的雕像场景中，雕像的材质是大理石，而雕像表面的苔藓和灰尘污垢则可理解为纹理。

图1-19

模型 材质 纹理

图1-20

1.4.2 材质编辑器

执行"窗口"→"渲染编辑器"→ Hypershade（材质编辑器）命令，如图1-21所示，可以打开Hypershade窗口"材质编辑器"是用于编辑场景模型纹理和质感的工具，它可以给场景中的模型创建和编辑材质纹理，使模型更加真实。

Maya为用户提供了一个方便管理场景里所有材质球的工作界面，就是Hypershade（材质编辑器）窗口。Hypershade是 Maya 渲染的中心工作区域，通过创建、编辑和连接渲染节

图1-21

点（如纹理、材质、灯光、渲染工具和特殊效果），可以在其中构建着色网络，如图1-22所示。该窗口在默认状态下由"浏览器""材质查看器""创建""存储箱""材质工作区""特性编辑器"这6个窗口组成。

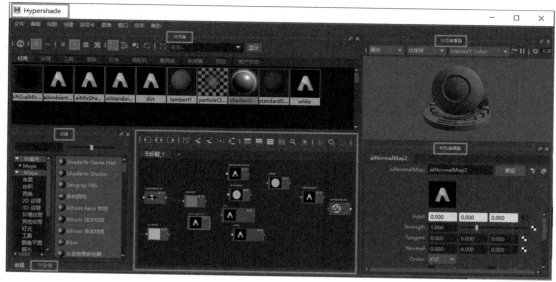

图1-22

1. 浏览器窗口

浏览器窗口包含构成当前场景的渲染组件，如材质、纹理、工具、灯光和摄影机等，如图1-23所示。

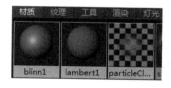  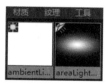

图1-23

2. 材质查看器窗口

材质查看器窗口里提供了多种形体用来直观地显示我们调试的材质预览，而不是仅仅以一个材质球的方式来显示材质，如图1-24所示。

3. 创建窗口

创建窗口主要用来创建不同类型的渲染节点，如图1-25所示。

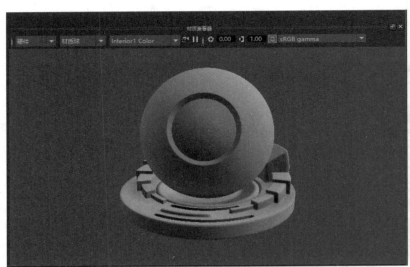

图1-24　　　　　　　　　　　　　　　　图1-25

4. 存储箱窗口

存储箱窗口默认包含场景中的所有着色节点，主要用来添加并命名任意数量的存储箱，并向存储箱分配资源，帮助用户组织和跟踪场景中的着色节点，如图1-26所示。

Master Bin（默认）
包含场景中的所有着色器节点

添加并命名任意数量的存储箱，
并向存储箱分配资源

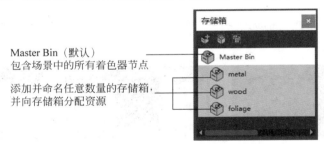

图1-26

5. 材质工作区窗口

材质工作区窗口主要用来显示以及编辑Maya的材质着色网络，如图1-27（a）所示。

6. 特性编辑器窗口

特性编辑器主要用来查看和调整着色节点的属性。通常在材质着色网络中，单击材质节点的图标，可以在"特性编辑器"窗口中显示出所对应的一系列参数，如图1-27（b）所示。

7. 着色网络

着色网络是已链接节点的集合，它定义材质外观的颜色和纹理。着色网络是数据流网络，数据从该网络的左侧向右侧传输，从而产生最终着色结果。该网络的左侧包含渲染节点。渲染节点可能是材质节点、纹理节点、工具节点等。最右侧的节点是该特定网络的着色组。

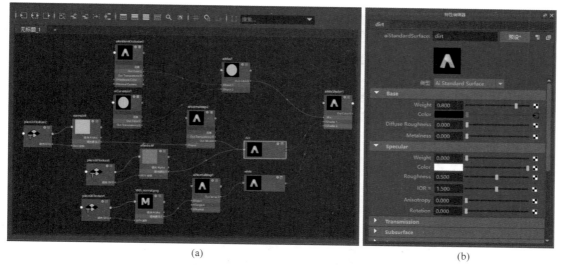

(a) (b)

图1-27

如图1-28所示，rock1（岩石纹理）节点定义 Phong1 材质的颜色，而mountain1（山脉纹理）节点定义Phong1 材质的白炽度。

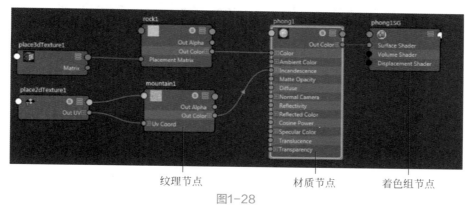

纹理节点　　　　　　　　材质节点　　　着色组节点

图1-28

8. 图表常用命令

Hypershade（材质编辑器）中的"图表"菜单命令如图1-29所示。

（1）为选定对象上的材质制图：显示选定对象的着色组网络。

（2）清除图表：清除所有节点和着色网络的工作区。

（3）输入和输出连接：显示选定节点的输入和输出连接。

（4）输入连接：仅显示选定节点的输入连接。

（5）输出连接：仅显示选定节点的输出连接。

图1-29

（6）将选定项添加到图表：将选定节点添加到图表。该选项适用于将非渲染节点（如形状节点和变换节点）添加到Hypershade中，以供着色网络使用。

（7）从图表中移除选定项：从图表中移除选定节点。这有助于减少杂乱情况。

（8）重新排列图表：在当前布局中重新排列节点以查看所有不重叠的节点和着色网络。

（9）连接时的十字光标：启用此选项后，拖动连接线时将显示十字光标。

1.4.3　创建材质与赋予材质

1. 为模型创建材质

在Hypershade（材质编辑器）的"创建"窗口和"创建渲染节点"窗口中，可以任意创建"2D 纹理""3D 纹理""环境纹理""其他纹理""分层纹理"和其他Arnold渲染节点，纹理节点如图1-30所示。

图1-30

2. 为模型赋予材质

材质编辑完成后，需要将其赋予到对应的场景模型上。下面介绍四种常用的为模型赋予材质的方法。

第1种方法：选择模型，然后在模型上右击，在弹出的热键盒中选择"指定新材质"，然后会弹出"指定新材质"窗口，单击相应的材质球赋予场景中的模型，如图1-31所示。

第2种方法：选择模型，然后在模型上右击，在弹出的热键盒中选择"指定收藏材质"或"指定现有材质"，将收藏材质指定给场景模型，如图1-32所示。

第3种方法：在视窗中选择模型，然后在Hypershade（材质编辑器）中选择编辑好的材质球并右击，在弹出的热键盒中选择"将材质指定给视口选择"，将材质赋予模型，如图1-33所示。

第4种方法：在Hypershade（材质编辑器）中，选择编辑好的材质球，然后按鼠标中键直接拖拽至场景中的模型，松开鼠标后即可将材质赋予模型，如图1-34所示。

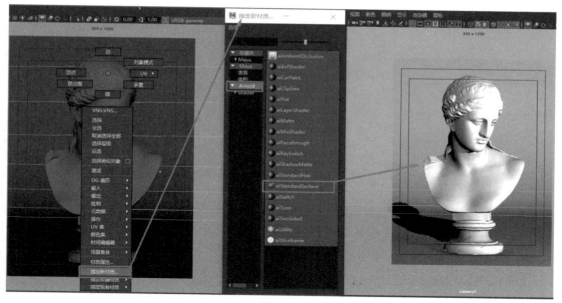

图1-31

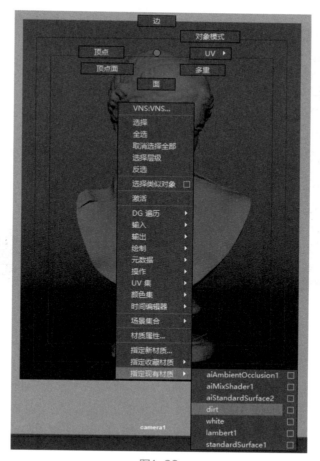

图1-32

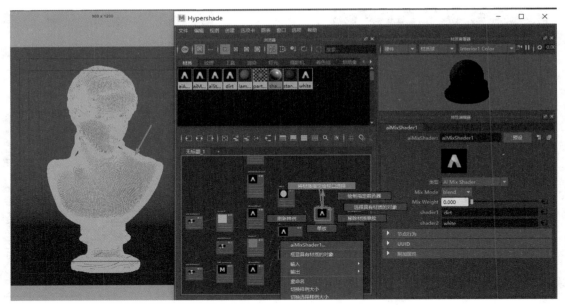

图1-33

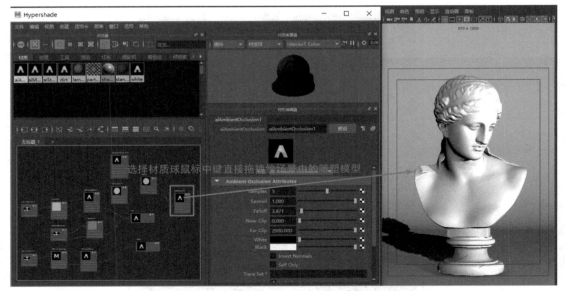

图1-34

1.4.4　Arnold 材质库

Maya软件的Arnold标准材质库中提供了20多种默认"预设"材质，如图1-35所示。材质库中的每一种"预设"材质都具有相应的材质模拟功能，使用Arnold渲染器时，常用的是aiStandard_surface（标准表面材质），这些材质通常可以通过在aiStandard_surface（标准表面材质）的属性编辑器中作为"预设"提供，如图1-36所示。

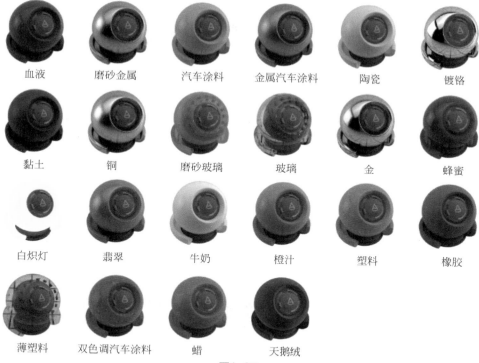

血液　　磨砂金属　　汽车涂料　　金属汽车涂料　　陶瓷　　镀铬

黏土　　铜　　磨砂玻璃　　玻璃　　金　　蜂蜜

白炽灯　　翡翠　　牛奶　　橙汁　　塑料　　橡胶

薄塑料　　双色调汽车涂料　　蜡　　天鹅绒

图1-35

图1-36

常用各种材质类型如下所述。

● 木材类：高光木纹、哑光木纹、原木纹、粗糙木纹、木地板等。

● 石材类：大理石、瓷砖、仿古砖、水泥砖、马赛克、混凝土、水泥等。

- 涂料类：乳胶漆、石膏、油漆、车漆、艺术漆等。
- 布料类：亚麻布、绒布、丝绸、纱窗、棉布、毛衣、蕾丝、地毯等。
- 液体类：饮料、酒水、泳池水、自然水、生活用水等。
- 塑料类：高光塑料、哑光塑料、粗糙塑料、泡沫板、橡胶、亚克力板等。
- 金属类：不锈钢、金、银、铜、铁、铬合金等。
- 玻璃类：清玻璃、磨砂玻璃、彩色玻璃、镜面玻璃、装饰玻璃、建筑玻璃等。
- 次表面散射类：皮肤、蜡烛、树叶、玉石、葡萄等。

1.4.5　UV 概念与编辑 UV

1. UV概念

UV，用于定义二维纹理坐标系，也称为UV纹理空间。UV纹理空间使用字母U和字母V来指示二维空间中的轴。UV纹理空间有助于将图像纹理贴图放置在3D物体表面上。当我们在Maya软件中完成三维模型后，常常需要将合适的贴图贴到这些三维模型上，比如，为完成的游戏角色头部模型贴图时，需要将三维的游戏角色头部模型通过UV映射之后将模型的UV展分成一张平面UV Map，再根据UV Map绘制和编辑游戏角色头部Texture，然后将完成的Texture对应到UV纹理空间。如果该UV纹理空间有贴图，那么Texture中的内容就会显示在游戏角色头部对应的位置上。游戏角色头部模型贴图如图1-37所示。

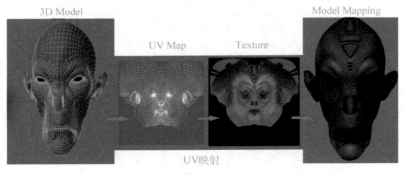

图1-37

2. 编辑UV

Maya中提供了一些命令可以快速编辑调整UV。在"建模"模块下选择UV菜单，其中的"平面映射""圆柱形映射""球形映射""自动映射"命令可以针对不同类型的多边形来调整UV。下面逐一介绍UV映射命令的具体应用。

1）平面映射

"平面映射"基于平面投影为模型创建 UV。映射复杂的角色时，模型UV会产生重叠。角色头像执行"平面映射"UV展分效果如图1-38所示。"平面映射"命令适合用于较为平坦的三维模型，如盒子、箱子和冰箱等方形模型UV的展分。

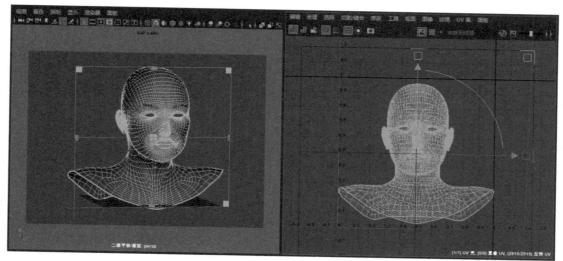

图1-38

2）圆柱形映射

"圆柱形映射"基于圆柱形投影形状为模型创建 UV。角色头像执行"圆柱形映射"UV 展分效果如图1-39所示。"圆柱形映射"命令适合于如瓶子、罐头和油桶等圆柱形模型UV的展分。

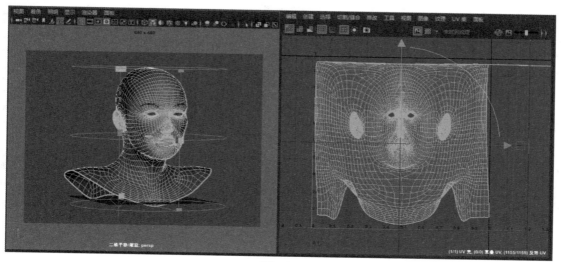

图1-39

3）球形映射

"球形映射"基于球形投影形状为模型创建 UV。角色头像执行"球形映射"UV展分效果如图1-40所示。"球形映射"命令适合于如足球、篮球等球形模型UV的展分。

4）自动映射

"自动映射"通过同时从6个方位来投影6个投影平面，为模型创建出最佳 UV。角色头像执行"自动映射"UV展分效果如图1-41所示。"自动映射"对于展分复杂的模型UV，效率是比较高的，但同时也会产生许多不必要的接缝问题。"自动映射"命令适合于如角色、动物和怪物等模型UV的展分。

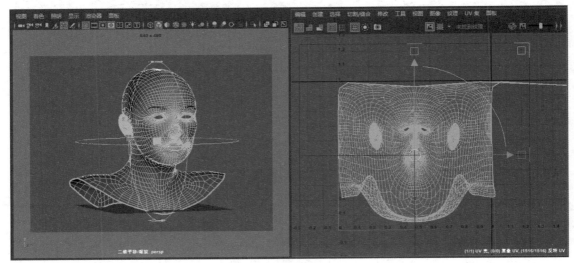

图1-40

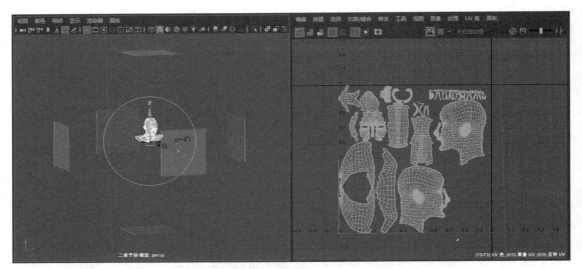

图1-41

1.4.6　UV 编辑器

执行UV→"UV编辑器"命令，如图1-42所示，可以对模型UV进行编辑操作。

"UV编辑器"窗口如图1-43所示。在"UV编辑器"中可以对模型的UV纹理进行编辑，UV编辑合理完成后，导出UV快照，然后在图像编辑软件中绘制颜色贴图，再将相关贴图链接到该模型的材质球属性上，最后模型就能显示出具有颜色贴图的纹理效果，如图1-44所示。

图1-42

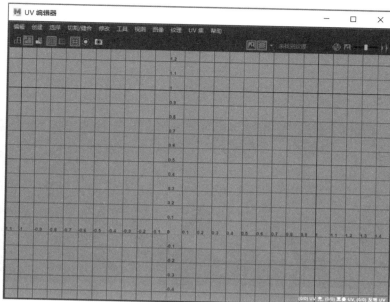

图1-43

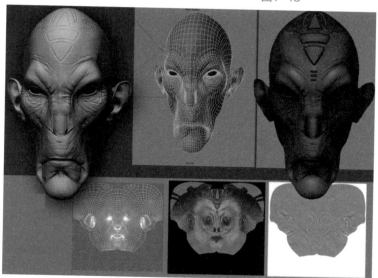

图1-44

UV编辑技巧

- 在编辑UV时，UV尽量避免相互重叠，除非UV共享即共享贴图；
- UV避免拉伸；
- 尽量减少UV的接缝（即划分较少的UV块面）；
- 接缝应安排在摄影机及视觉注意不到的地方或结构变化大、不同材质外观的地方；
- 应将UV放置在UV编辑器的第一象限空间中并充分利用0～1的象限空间，这样贴图才能正确显示。

1.4.7 贴图类型

项目要求和风格不一样，一个角色的贴图种类也不一样，如一部简单的动画片，通常只需要颜色贴图和凹凸贴图。游戏电影级别的话，需要的贴图种类就多了，制作一个电影级别的角色贴图，有时候会用到7张贴图甚至更多，如图1-45所示。

图1-45

下面对几种常用的贴图类型进行介绍。

（1）Color（颜色贴图）：用来表现模型的色彩。

（2）Specular（高光贴图）：用来表现模型的高光，记录贴图细节的高光及受光度。

（3）Bump（凹凸贴图）：存储的是高度信息，8bit灰度图，凹凸贴图影响面的法线相对光影方向的偏移量，偏移量越大越凹，偏移量越小越凸。通常使用凹凸贴图来实现模型的微小细节效果非常好，比如角色皮肤上的毛孔和皱纹。凹凸贴图的问题是，如果相机角度不对，凹凸贴图会很容易磨损。毕竟细节是假的，不是增加真实分辨率。模型的轮廓不会受到其上凹凸贴图的影响。

（4）Normal（法线贴图）：存储的是法线信息，24bit彩色图，法线贴图也会在模型表面产生细节的错觉，但是它的实现与凹凸贴图不同。正如我们所知，凹凸贴图使用灰度值来提供凹凸信息。法线贴图使用RGB信息告诉3D软件每个多边形表面的法线的准确方向。这些表面法线的方向将告诉3D软件如何给多边形着色。最常用的是切线空间法线贴图，显示混合的蓝色和紫色。对于视觉效果而言，它的效率比原有的凹凸表面更高，若在特定位置上应用光源，可以让细节程度较低的表面生成高细节程度的精确光照方向和反射效果。

（5）Displacement（置换贴图）：置换贴图不同于凹凸贴图和法线贴图，它是一种真正改变物体表面的方法，可以营造出更真实的感觉。它使用一个高度贴图创建出模型上真正的表面起伏（突起和凹地）效果。置换贴图具备了表现细节和深度的能力，突起和凹地会变成模型的一部分，从而会更改模型拓扑。可以用置换贴图实现那些大的变形效果，用法线贴图或者凹凸贴图实现那些小的细节效果。置换贴图是同类技术中性能消耗最大的，因为它需要增加大量模型的面数。创建凹凸效果时，置换贴图>法线贴图>凹凸贴图。

（6）AO贴图（环境光遮挡贴图）：模拟物体之间所产生的阴影，在不打光的时候增加体积感。也就是完全不考虑光线，单纯基于物体与其他物体越接近的区域，受到反射光线的照明越弱这一现象来模拟现实照明的一部分效果。环境光遮挡贴图也是灰度图像，其中以白色表示应接受完全间接光照的区域，以黑色表示没有间接光照。

（7）Curvature（曲率贴图）：它允许提取和存储凹凸信息。黑色的值代表了凹区域，白色的值代表了凸区域，灰度值代表中性平地。

（8）SSS（次表面散射贴图）：Sub-Surface Scattering简称3S贴图，它是指光线进入后不会直接反射而是穿透表面在内部反射，然后被吸收或者投射到附近其他部分，表面看起来有一种半透明的深度感。通常用它来模拟角色的皮肤、玉石、蜡烛、牛奶、葡萄、酒水等。

（9）Opacity（透明贴图）：它定义贴图的不透明度。黑色是透明的部分，白色为不透明的部分，灰色为半透明的部分。

（10）Emissive（自发光贴图）：它控制表面发射光的颜色和亮度。自发光材质通常用于某些部位应该从内部照亮的物体上，例如监视器屏幕、高速制动的汽车盘式制动器、控制窗口上的发光按钮或黑暗中仍然可见的怪物眼睛。

（11）ID（标签贴图）：主要用来区分同一个模型中不同的区域，相当于Mask遮罩，通过选择不同的标签区域，方便分别绘制或校正模型的贴图。

1.5　灯光照明

1.5.1　初识灯光

在Maya中灯光是看见三维世界的前提，没有灯光的场景将会是一片漆黑，没有任何意义。灯光不仅可以照亮环境，还有助于作品情感表达与场景气氛烘托，可以达到艺术性的画面效果，如图1-46所示。

图1-46

光的三原色为红、绿、蓝。可见光实质上是电磁波，白色的光其实是多种单色光聚集在一起。光分为自然光和人造光。自然光是自然界存在的可见光，其主要光源是太阳，通常包括太阳的直射光，阴天、雨天、雪天天空的漫散射光及月光和星光。自然光渲染的画面会显得舒适和真实，如图1-47所示。

图1-47

人造光的基本光源是泛光灯、闪光灯和聚光灯，是人为制造出来的光源。人造光创造和渲染环境气氛，同时具有浓厚的感情色彩，例如科幻城市的场景，如图1-48所示。

图1-48

人造光主要受光源种类和布光方法的影响，而自然光则是受天气、遮蔽物、时间、季节等因素影响。人造光有持续照明的特点，不像太阳发出的自然光随着太阳的起升和降落而时有时无，所以人造光就比自然光具有更大的灵活性和创作空间，它可以让拍摄无处不在。但人造光受光源影响，照射范围有限，需要通过打光板调节光源照射范围。相较于人造光，自然光缺少了灵活机动的特点，不能由摄影者任意调节和控制，但自然光的光线范围可以无限延伸，随着时间的推移和天气的变化，产生的色彩和氛围是人造光所不及的。

为场景提供优质的照明，不但可以照亮场景中的模型，还可以提升作品的艺术价值。

场景中的光源可以分为两大类，一类是直接照明，另一类是间接照明。照射到物体上的光称为直接照明。间接照明是发散的光线由物体表面反射后照射到物体表面所形成的光照效果，英文缩写为GI。间接照明通常比直接照明更难计算且成本更高。全局照明是计算场景中可见表面上所有直接和间接光的颜色和数量的过程。

1.5.2　Maya 默认灯光系统

单击Maya软件里默认灯光系统的灯光图标，可以在"渲染"工具架上打开相应的灯光类型，如图1-49所示。

图1-49

还可以执行"创建"→"灯光"命令打开对应的"环境光""平行光""点光源""聚光灯""区域光""体积光"这6种灯光类型，如图1-50所示。这6种灯光都支持Maya默认渲染器，环境光和体积光不支持Arnold渲染器，其余4种灯光都支持Arnold渲染器。

图1-50

1. 环境光

单击"渲染"工具架中的"环境光"图标 ，即可在场景中创建出一个环境光。

"环境光"是没有方向的，通常用来照亮场景中的所有对象，对象受到来自四周环境的均匀光线照射，如图1-51所示。

图1-51

2. 平行光

单击"渲染"工具架中的"平行光"图标 ，即可在场景中创建出一个平行光。

"平行光"，也称方向光，平行光的箭头代表灯光的照射方向，缩放平行光图标以及移动平行光的位置均不会对场景照明产生任何影响，通常用来模拟日光直射这样的接近平行光线照射的照明效果，如图1-52所示。

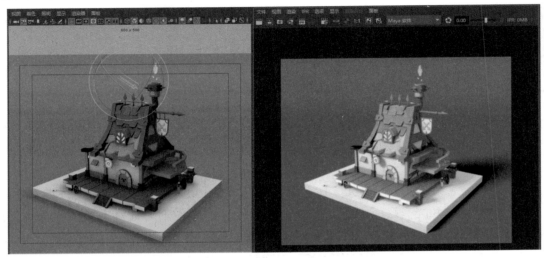

图1-52

3. 点光源

单击"渲染"工具架中的"点光源"图标 ，即可在场景中创建出一个点光源。

"点光源"通常用来模拟灯泡、蜡烛、萤火虫、烟火等灯光效果，它是由一个小范围的点来照明环境的灯光效果，注意场景中点光源不能创建太多，否则画面效果会显得平淡而缺少层次感，如图1-53所示。

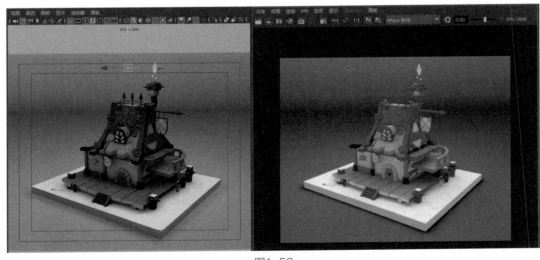

图1-53

4. 聚光灯

单击"渲染"工具架中的"聚光灯"图标 ![icon]，即可在场景中创建出一个聚光灯。

"聚光灯"是一个近似锥形的光源效果，方向性好，目标性强，聚光灯具有明确的照明范围和照明方向，它可以用来模拟舞台灯光、汽车前照灯、手电筒、台灯等灯光的照明效果，如图1-54所示。

图1-54

5. 区域光

单击"渲染"工具架中的"区域光"图标 ![icon]，即可在场景中创建出一个区域光。

"区域光"是一个近似矩形的光源效果，是较常用的灯光，方向性好，可调节方向、形状、尺寸等。它是一个范围灯光，常常被用来模拟摄影棚的柔光箱、方形灯，以及阳光透过玻璃窗的照射效果，如图1-55所示。

图1-55

6. 体积光

单击"渲染"工具架中的"体积光"图标 ▧ ，即可在场景中创建出一个体积光。

"体积光"的主要特性是可以很方便地控制光线所到达的范围，用来照亮有限距离内的对象。例如蜡烛照亮的区域就是用体积光产生的效果，如图1-56所示。

图1-56

1.5.3 Maya Arnold 灯光系统

Maya是一款主流的三维软件，对于全流程制作以及材质灯光渲染的系统学习有很大的优势。在市面上各种各样的渲染器中，Arnold是当之无愧的榜首，很多公司的流程首选渲染器都是Arnold，它能将画面效果制作得更加精美和更有氛围。

中文版Maya 2020软件内整合了全新的Arnold灯光系统，使用这一套灯光系统并配合Arnold渲染器，用户可以渲染出超写实的画面效果。在Arnold工具架上用户可以打开并使用这些全新的灯光按钮，如图1-57所示。

执行Arnold→Lights命令，可以创建Arnold 中提供的内置灯光，如图1-58所示。

图1-57   图1-58

1. Area Light（区域光）

Area Light与Maya自带的"区域光"非常相似，通常我们也称之为面光源。执行Arnold→Lights→Area Light命令，即可在场景中创建出一个区域光。区域光有三种形态：方形、圆柱形、碟形，三者本质上是一样的，只是在形状上有所区别。

2. Skydome Light（天穹光）

执行Arnold→Lights→Skydome Light命令，即可创建出一个Skydome Light，它是一个无限大的圆球，可以模拟天空，可以用单一颜色或者一张全景HDRI图作为其光照来源。它还可以用来快速制作模拟阴天环境下的室外光照。不建议对室内场景使用天穹灯光，此灯光专为室外场景设计，在背景中为球形圆顶，灯光采样将在此圆顶的特定方向上跟踪光线，但是在室内场景中，大多数跟踪光线会照射到物体上，这样反而会产生很多噪点，从灯光获得角度来说没有任何意义。

3. Mesh Light（几何体灯光）

执行Arnold→Lights→Mesh Light命令，即可创建出一个Mesh Light，它可以把一个选定的模型转换成灯光，其效果类似于直接给该模型添加自发光材质，渲染质量会更好一些。执行该命令之前需要用户先在场景中选择一个多边形模型。

4. Photometric Light（光度学灯光）

光度学灯光是一种特殊的灯光类型，它可以通过读取.ies文件来得到特定型号照明设备的光照形状，以模拟该型号照明设备的真实光照表现。Photometric Light常常用来模拟制作聚光灯所产生的照明效果，执行Arnold→Lights→Photometric Light命令，即可在场景中创建出一个光度学灯光。

5. Light Portal（灯光门户）

Light Portal是专门用来将天穹光传递到室内的门户，单独使用没有效果，但其可以非常有效地改善天穹光的间接照明质量，减少噪点，属于渲染室内场景时必用的一种灯光。

6. Physical Sky（物理天空光）

Physical Sky本质上就是一个天穹光，只不过在天穹光的颜色通道上链接了一个aiPhysicalSky节点，用以替代HDRI全景天空贴图。这个aiPhysicalSky可以用程序化的方式来模拟一个简单的太阳和天空环境。

1.5.4 灯光控制方法

在Maya软件中控制灯光可以采用以下三种方法。

方法一：选择灯光，直接在视窗中进行移动、旋转操作，将灯光放置在预期的角度和位置处，如图1-59所示。

方法二：创建灯光后，按快捷键T键，显示灯光的操纵器，可以通过两个控制点来固定灯光的方向，如图1-60所示。

方法三：选择灯光，选择"窗口"菜单中的"沿选定对象观看"命令，可以直观地调整灯光的角度和位置，如图1-61所示。

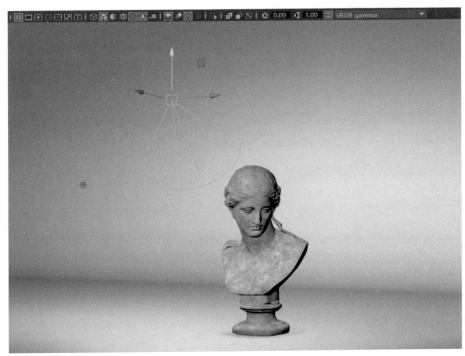

图1-59

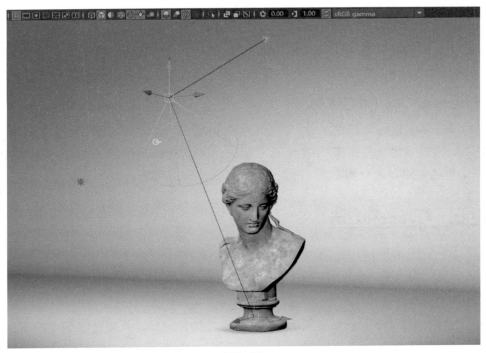

图1-60

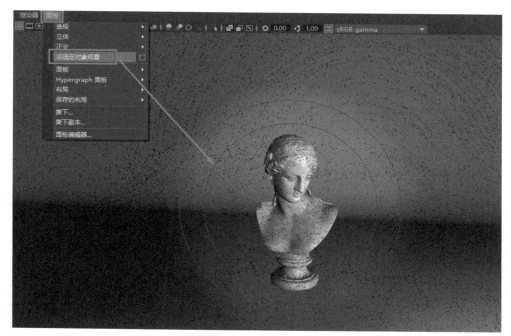

图1-61

1.5.5 灯光阴影

物体处于一个有光的环境中，灯光会被吸收或是反射，背着灯光的一面就形成了阴影。所谓物体的结构细节，其实就是光与影的明暗变化。光和影同样重要，有光必有影，影子的特性也同样重要，阴影是体现物体渲染效果真实与否的关键，有灯光的阴影才会使渲染效果更加真实，透明物体一样也具有阴影，并且阴影也是具有透明属性的，如图1-62所示。

图1-62

Maya中6种默认灯光均可投射阴影，并且提供了两种计算阴影的方式：深度贴图阴影和光线跟踪阴影。

默认灯光的阴影是关闭的。在"属性编辑器"的spotLightShape1选项的"阴影"卷展栏的"深度贴图阴影属性"中，勾选"使用深度贴图阴影"选项，可以激活深度贴图阴影，如图1-63所示。

在灯光"属性编辑器"的spotLightShape1选项的"阴影"卷展栏的"光线跟踪阴影属性"中，勾选"使用光线跟踪阴影"选项，可以激活光线跟踪阴影，只能选择一种阴影方式，勾选"使用光线跟踪阴影"选项时"使用深度贴图阴影"选项自动关闭，如图1-64所示。

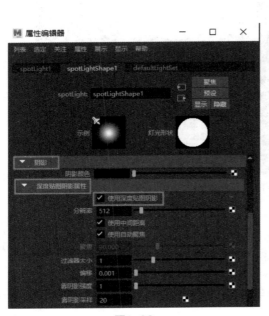

图1-63

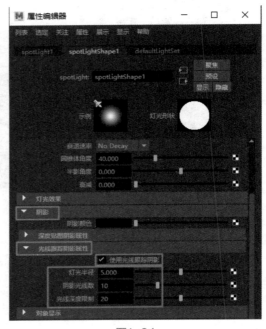

图1-64

深度贴图阴影与光线跟踪阴影的区别：

深度贴图阴影在渲染时，阴影被计算成一张深度贴图文件，记录了所有阴影信息。此种阴影生成的特点为渲染速度快，生成阴影边缘柔和，但是没有光线跟踪阴影效果逼真。

1.5.6 灯光布局

对于CG灯光渲染师来说，灯光布局就是把摄影、电影中真实的灯光工具换成计算机里面的三维软件中的灯光布局。灯光布局是CG动画制作中非常重要的一环，灯光渲染是制作环节的最后一步，也就是呈现氛围和画面的最终环节。只有当我们真正了解灯光的特性后，才能真正地驾驭和把控画面。改变灯光的数量、方向、颜色、强度、面积、阴影、色温、软硬、衰减等，会产生截然不同的氛围，灯光是非常微妙的，细微的参数改变也会呈现不同的画面效果。

灯光布局有助于表达场景的情感和氛围，按灯光在场景中的功能可以将灯光分为主光、辅助光和背景光三种类型。这三种类型的灯光在场景中配合运用才能完美地体现出场景的氛围。

灯光布局需要合理的步骤，合理的灯光布局会节省空间、提高渲染效率。根据经验，一般的灯光布局可以概括为以下三个步骤，如图1-65所示。首先确定画面主光的位置和强度；其次确定画面辅助光的位置、强度和角度；最后确定画面背景光与装饰光的位置和强度。合理的灯光布局会让画面整体效果明暗对比强烈、空间主次分明。

图1-65

灯光照明技巧

　　正光照主体，侧光照结构，背光照轮廓，正常布光直接照，反射布光照环境，透明布光照背景。

1.5.7　布光技巧

1. 布光方法

1）单点布光

单点布光是最简单的布光方案，只需要一个光源照亮主体。这盏主光源一般位于摄影机一侧45°，从拍摄对象上方45°向下照射。单点布光主要用于油画创作和电影。影视创作中常见的单点布光方法有正光、侧光、顶光、逆光、伦勃朗光、派拉蒙光等，比较有代表性的就是伦勃朗光和派拉蒙光。

伦勃朗光主要是通过侧光照明，使被拍摄的主体另一侧呈现倒三角形亮区，因为以这种用光方法拍摄的人像酷似画家伦勃朗的人物肖像绘画的布光方法，所以被称为伦勃朗光。伦勃朗光拍摄时，布光采用强烈的明暗对比增强了人物立体感，画面层次丰富且充满活力。被摄者脸部阴影一侧对着相机，灯光照亮脸部的四分之三，依靠强烈的侧光照明使被摄者脸部的任意一侧呈现出倒三角形的亮区，故也称作三角光，如图1-66所示。

图1-66

派拉蒙光也称蝴蝶光，是早期好莱坞影片或剧照拍摄影星常用的布光方法。蝴蝶光的布光方法是对称式照明，它把主光源放置在镜头光轴上方，主光源放置在人物脸部的正前方，由上向下45°方向投射到人物的面部，整体似蝴蝶的形状，让人物脸部产生一定的层次感。通常用这种布光方法拍照，会让人物脸显得小而瘦，所以也称美人光，是人像摄影中一种经典的布光方法之一，如图1-67所示。

图1-67

2）三点布光

三点布光是指主要运用主光、辅光、轮廓光三种基本光从三个不同角度对物体进行照明。此方法可以非常方便地照亮物体，使物体受到三个不同角度的灯光的照明，使场景产生空间感和层次感。三点布光是最常用的一种布光方式，如图1-68所示。

主光（key light）是拍摄场景中的首要光源，也称关键光。在一个场景中，主光是对画面起主导作用的光源。主光不一定只有一个光源，但它一定是起主要照明作用的光源，因为它决定画面的基本照明和情感氛围。主光灯可以放置在被摄主体周围的任何地方，没有固定的位置，通常它是放置在摄影机镜头轴线45°（纵向或横向）并处于人的头部以上的高度。

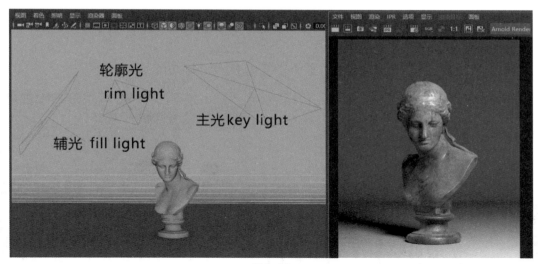

图1-68

辅光（fill light）又称补光，主要用于照亮局部，是对场景起辅助照明的灯光，它可以有效地调和物体的阴影和细节区域。辅光灯通常是放置在摄影机镜头轴线的45°（横向），并与主光灯的方向相反。

轮廓光（rim light）也称"背景光"，是在被摄主体的背后勾勒出轮廓或做出光环效果的光。它是通过照亮对象的边缘将主体轮廓从背景中分离出来，并增加画面的深度错觉。背景光通常放置在四分之三关键光的正对面，并且只对模型的边缘起作用，可以产生很小的高光反射区域。背景光照亮场景中的背景，以确保画面整体效果的明暗统一。背景光亮度宜暗，不可过亮，不要影响主光源和辅助光源的效果。

3）多重布光

多重布光通常是设置多盏灯光进行照明，它具有一定的规律性，通常是从正90°开始搭建3～4个灯光，设置灯光强度依次递减从而产生柔光来对人物进行照明，如图1-69所示。这种布光方法不仅会让人物刻画有强烈的明暗对比，而且画面圆润细腻，角色立体感强。

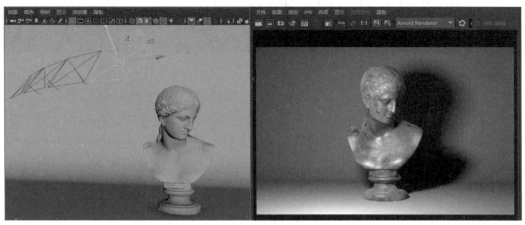

图1-69

2. 布光的基本原则

（1）画面布光合理，有立体感。

画面保持没有死黑，没有曝光过度，要有立体感，如图1-70所示。

图1-70

（2）画面有明暗对比和冷暖对比。

画面布光要注意冷暖对比运用互补色原理，处理好冷暖对比，可以让作品具有丰富的层次感和空间感。在感官上，暖色给人的感觉会近一些，冷色给人感觉远一些，而适当的冷暖对比就会营造出很好的空间感和层次感。画面布光若加入一定的明暗对比，则会加强画面的视觉冲击效果，使作品更具有美感和层次感，如图1-71所示。

图1-71

（3）除了用好灯光外，也要用好遮光板，用不同的材质营造出明暗变化。

通常用遮光板切出想要的光的形状，画面就有明有暗了，也可以用树叶、窗帘、百叶窗等，制造出光线本身的纹理或者在场景上添加体积物，把遮出来的光影变化在空间中的传播也显现出来，如图1-72所示。也可以在材质上制造明暗变化，丰富材质的反差，或者用不同反光特性的材质。

图1-72

1.5.8　灯光编辑器

单击"状态行"上的"灯光编辑器"快捷图标 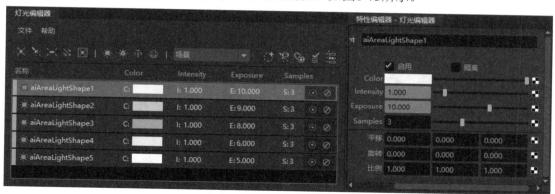 可以快速打开"灯光编辑器"。灯光编辑器列出了场景中的所有灯光，以及每个灯光的Color（颜色）、Intensity（强度）、Exposure（曝光度）、Samples（采样率）等常用属性，如图1-73所示。

图1-73

技巧提示

可以在"灯光编辑器"中创建灯光并对其进行排序分组，以便同时禁用或隔离多个灯光，并且可使界面更简洁、更有序，简化了灯光管理。

1.6　摄影机简介

1.6.1　摄影机

在使用Maya软件制作项目时，无论是制作静态作品还是影视动画，场景中的内容都需要通过摄影机的镜头来体现。因为摄影机不仅可以更改观察的视角，更能体现空间的广阔。另外，Maya的摄影机还可以非常真实地模拟出景深和运动模糊效果。

1.6.2 Maya 中的摄影机

默认情况下，Maya Creative 有四个摄影机，可供用户在窗口中查看场景：透视摄影机和三个与默认场景视图相关的正交摄影机（顶、前、侧）。在为对象进行建模、设置动画、着色和应用纹理时，可通过这些摄影机进行观察。若要在这些摄影机之间进行切换，可打开"窗口"菜单，并从"透视"或"正交"子菜单中选择一台摄影机。

1. 基本摄影机

Maya的基本摄影机工具广泛用于静态场景和简单的动画（向上，向下，一侧到另一侧，进入和出去），是使用频率最高的摄影机工具，如图1-74所示。

2. 摄影机和目标

使用"摄影机和目标"命令创建出来的摄影机还会自动生成一个目标点，这种摄影机可以应用在场景里有需要一直跟踪的对象的镜头上。"摄影机和目标"摄影机可用于稍微复杂的动画，如图1-75所示。例如，沿一个路径跟踪鸟的飞行路线的摄影机。

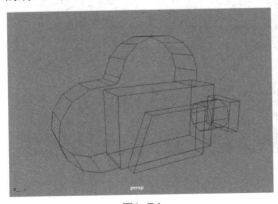

图1-74

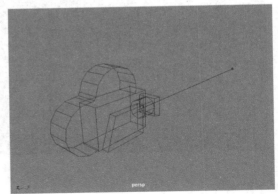

图1-75

3. 摄影机、目标和上方向

使用"摄影机、目标和上方向"（Camera，Aim，and Up）摄影机可以指定摄影机的哪一端必须朝上，如图1-76所示。此摄影机适用于复杂的动画，如随着转动的过山车移动的摄影机。

4. 立体摄影机

使用"立体摄影机"命令创建出来的摄影机为一个由三台摄影机间隔一定距离并排而成的摄影机组合，如图1-77所示。使用立体摄影机可创建具有三维景深的三维渲染效果。当渲染立体场景时，Maya会考虑所有的立体摄影机属性，并执行计算以生成可被其他程序合成的立体图或平行图像。

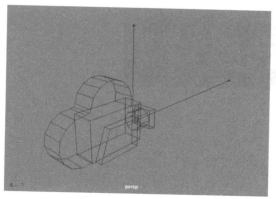
图1-76

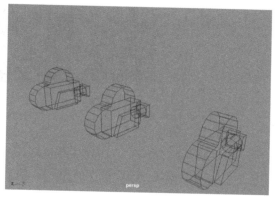
图1-77

1.6.3　摄影机属性

1. 摄影机属性
展开的"摄影机属性"卷展栏如图1-78所示。

2. 视锥显示控件
展开的"视锥显示控件"卷展栏如图1-79所示。

3. 胶片背
展开的"胶片背"卷展栏如图1-80所示。

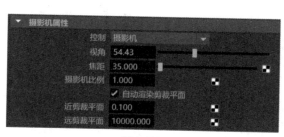
图1-78

图1-79

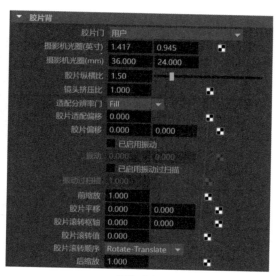
图1-80

4. 景深
展开的"景深"卷展栏如图1-81所示。

图1-81

5. 输出设置

展开的"输出设置"卷展栏如图1-82所示。

6. 环境

展开的"环境"卷展栏如图1-83所示。

图1-82

图1-83

1.6.4 摄影机安全框

选择渲染摄影机，然后在"属性编辑器"的"cameraShape1"选项的"显示选项"卷展栏中，通过勾选显示选项可以对摄影机安全框进行设置，如图1-84所示。

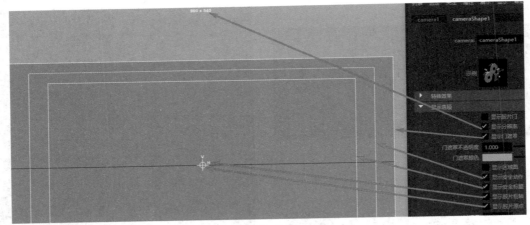

图1-84

1.6.5 景深设置

"景深"效果是摄影师常用的一种拍摄手法。当相机的镜头对着某一物体聚焦清晰时，在镜头中心所对位置垂直镜头轴线的同一平面的点都可以在胶片或者接收器上呈现出相当清晰的图像，在这个平面沿着镜头轴线的前面和后面一定范围的点也可以结成眼睛可以接受的较清晰的像点，把这个平面的前面和后面的所有景物的距离叫作相机的景深。在渲染中通过"景深"常常可以虚化配景，从而起到表现画面主体的作用。

选择渲染摄影机，在属性编辑器的Arnold卷展栏（见图1-85）中选择Enable DOF选项（启用 DOF），在Focus Distance（聚焦距离）中键入定位器的Distance From Camera（与摄影机的距离）值，然后增加Aperture Size（光圈大小）可以查看摄影机的景深效果。这是 Arnold 和 IPR 的亮点所在，因为可以交互方式调整景深，并非常快速地获得景深效果。

图1-85

1.7　渲　染

1.7.1　初识渲染

通常我们所说的渲染指的是在"渲染设置"窗口中，通过调整参数来控制最终图像的照明程度，计算时间、图像质量等综合因素，让计算机在一个合理时间内生成令人满意的图像，这些参数的设置就是渲染。

1.7.2　渲染器类型

Maya内置渲染器类型有Maya软件渲染器、Maya硬件渲染器、Maya向量渲染器、Arnold Renderer（Arnold渲染器），默认渲染器为Maya软件渲染器，如图1-86所示。

图1-86

1. 软件渲染器

软件渲染可生成最优质的图像，从而达到最精致的效果。计算将在 CPU 中进行，这与硬件渲染相反。在硬件渲染中，计算依赖于计算机的显卡。由于软件渲染不受计算机显卡的限制，因此，它通常更加灵活。但是，软件渲染也存在弊端，它通常需要更长的时间。

2. 硬件渲染器

硬件渲染将使用计算机的显卡以及安装在计算机中的驱动程序将图像渲染到磁盘。在具有足够内存和显卡的系统上，Viewport 2.0 提供大型场景性能优化以及高质量照明和着色器。它允许高度交互——用户可以操控具有许多对象以及含有大量几何体的大型对象的复杂场景。

3. 向量渲染器

向量渲染支持以各种位图图像格式和 2D 向量格式创建程式化的渲染（例如，卡通、色调艺术、线艺术、隐藏线和线框）。

4. Arnold 渲染器

关于渲染的问题，渲染器之争由来已久，目前流行的有Arnold、Redshift、Corona、Vray、Mental Ray、Iray、Octane等渲染器，如图1-87所示。因为每款渲染器都有其优劣势和适合的领域，所以严格意义上并不存在最好的渲染器。选择Octane渲染器，是因为它上手简单，容易出效果，但显卡只能适合N卡，不适合A卡，并且在渲染场景方面有一定的局限性，场景不能太大。而Redshift渲染器恰好相反，在大场景方面表现突出，它的灯光排除可以让场景更加艺术化，渲染效率极高，但它的操作要稍微比Octane渲染器难一些。

图1-87

Arnold 渲染器是由Solid Angle公司开发的一款基于物理定律设计出来的高级跨平台渲染器，是一款好莱坞顶级视觉特效公司首选渲染器。它可以安装在Maya、3ds Max、Softimage、Houdini等多款三维软件之中，备受众多动画公司及影视制作公司喜爱。Arnold 渲染器使用了先进的物理算法，可以高效地利用计算机的硬件资源，其简洁的命令设计架构简化了着色和照明设置步骤，渲染出来的图像真实可信。

接下来了解一下Arnold渲染器的优缺点。

Arnold渲染器的优点如下。

（1）Maya内置，兼容性好。

（2）全局照明效果实现简单，实时预览方便。

（3）参数调整简单，上手速度快，容易出效果。

Arnold渲染器缺点如下。

（1）渲染速度慢，噪声大，特别是在大场景和室内渲染时。

解决方法：通过多通道AOVS测试调整，然后取消不必要的采样，可同时达到降噪和提速的目的；通过光线开关可以优化渲染。

（2）渲染焦散效果比较难以实现，因为Arnold渲染器的光原理是基于摄影机光子运算，不支持灯光光子GI。例如渲染透明物体时，由于物体表面的不平整，光的折射不是平行发生的，而是漫反射折射，在投射面上发生光子色散。

解决方法：可以在渲染器设置中，为环境创建aiSky，一个替代补偿的方式是使用物体灯光mesh light 为场景布光，然后渲染物体光源为全景环境贴图，再用于aiSky对场景照明。注意：为了减少噪点，增加光子量，要尽量为环境多添加带有明度信息的色彩，同时，要确定一个主光最强的区域用于焦散运算。

1.7.3 渲染设置

1. 设置视图窗口

开始渲染设置之前，确保已在"视图窗口"工具栏中启用"带纹理""使用所有灯光""阴影""环境光遮挡"和"抗锯齿"按钮。可以通过单击"视图"窗口工具栏中的按钮来切换它们，如图1-88所示。

图1-88

2. 渲染场景

尝试通过渲染场景来查看场景的外观。建议使用低强度设置定期渲染场景以预览其在最终渲染中呈现的外观。定位摄影机，使其聚焦在模型上。在"状态行"中，选择"渲染当前帧"按钮，如图1-89所示。例如，使用Arnold渲染器进行渲染，场景渲染将完全显示为黑色。这是因为场景中没有灯光照明，需要设置灯光。

图1-89

3. 渲染设置

完成了模型场景灯光布局环节之后就可以进行最终渲染了。在进行最终渲染之前，务必进行渲染设置。

下面介绍如何调整渲染设置。

单击"状态行"中的"渲染设置"按钮，即可打开"渲染设置"窗口，在"渲染设置"窗口中可以查看当前场景文件所使用的渲染器名称，在默认状态下，Maya 2020所使用的渲染器为Arnold Renderer，如图1-90所示。

1）文件输出

将"文件输出"卷展栏下的"图像格式"切换为PNG，如图1-91所示。

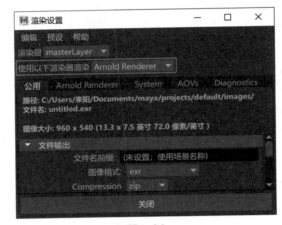

图1-90

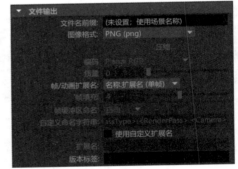

图1-91

2）帧范围

"帧范围"卷展栏内的参数命令如图1-92所示。

3）可渲染摄影机

"可渲染摄影机"卷展栏内的参数命令如图1-93所示。

图1-92

图1-93

4）图像大小

"图像大小"卷展栏内的参数命令如图1-94所示。

5）Arnold 渲染器

选择Arnold Renderer（Arnold渲染器）选项，然后在Sampling（采样）下，将设置更改为：Camera（AA）（摄影机（AA））为5，Diffuse（漫反射）为4，Specular（镜面反射）为4，Transmission（透射）为4，SSS（次表面散射）为3，Volume Indirect（体积间接散射）为4，如图1-95所示。

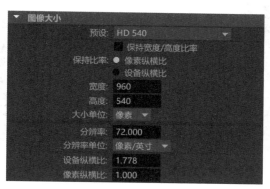

图1-94

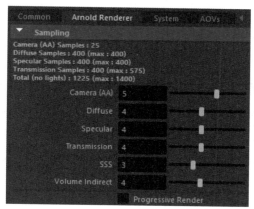

图1-95

技巧提示

当Arnold渲染器进行渲染计算时，会先收集场景中模型、材质及灯光等信息，并跟踪大量、随机的光线传输路径，这一过程就是"采样"。"采样"的设置主要用来控制渲染图像的采样质量。增加采样值会有效减少渲染图像中的噪点，但是也会显著增加渲染所消耗的时间。

6）Ray Depth

Ray Depth（光线深度）卷展栏的参数命令如图1-96所示。

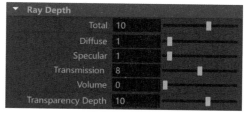

图1-96

7）渲染视图

当场景设置完灯光后，单击"渲染视图"窗口上的"渲染视图"按钮对模型进行渲染，如图1-97所示。

图1-97

1.8 课后练习

（1）以游戏角色创作为例，简述Maya的渲染流程。

（2）简述材质与纹理的区别。

（3）简述为模型赋予材质的方法。

（4）简述灯光布局的三个步骤。

（5）简述布光的基本原则。

（6）简述Maya中控制灯光的三种方法。

（7）Maya软件中都有哪些渲染器类型？

（8）简述Arnold渲染器的优点。

第2章　玉石材质渲染案例

教学目标

■ 掌握ZBrush应用灰度图快速创建
模型的方法

■ 掌握玉石材质的调节

■ 掌握玉石材质的渲染技巧

视频讲解

2.1 案例分析

　　玉，石之美者。中国是美玉之国，玉器是华夏民族文明史中一颗璀璨的明珠，贯穿了中华文明的全过程。国人爱玉，历史悠久。玉石散发着独特的魅力，表达着美好的寓意，吸引着人们去收藏和鉴赏它。玉石质地坚硬，色彩丰富，具有极高的审美价值，封建社会的统治者、文人墨客更是对其赋予了特殊的文化内涵，所以玉石也是权力和财富的象征。

　　玉文化主要还是体现在玉雕工艺上，有"玉不琢不成器"之说。任何一块好的玉石，必须经过人工雕琢，才会赋予其新的价值和魅力。我国的玉雕工艺，源远流长，为世界所公认。中国玉文化的发展趋势良好，时至今日，中国的四大玉分别是新疆和田玉、河南独山玉、辽宁岫岩玉和湖北绿松石，如图2-1所示。

图2-1

　　下面逐一介绍以上四种玉的基本特点。

　　新疆和田玉：和田玉的矿物组成以透闪石、阳起石为主，呈白色、青绿色、黑色、黄色等不同色泽。玉质为半透明，抛光后呈蜡状光泽。新疆和田地区的玉出产最佳，和田玉的经济价值评定依据是颜色与质地的纯净度。其主要品种有羊脂白玉、白玉、青白玉、青玉、黄玉、糖玉、墨玉。

　　河南独山玉：独山玉的矿区地处南阳市北郊的"独山"，又称"南阳玉"。独山玉为斜长石类玉石，质地细腻纯净，具有油脂或玻璃光泽，抛光性能好，透明及三种以上的色调组成多色玉，颜色艳。其主要品种有白玉、绿玉、绿白玉、紫玉、黄玉、芙蓉红玉、墨玉及杂色玉等。

辽宁岫岩玉：因主要产地在辽宁岫岩县而得名，外观呈青绿、黄绿、淡白色，半透明，抛光后呈蜡状光泽。新石器时期红山文化所用的玉材产于岫岩县境内的细玉沟，俗称老玉，为透闪石软玉。商代妇好墓出土的玉器多数玉材与岫岩瓦沟矿产的岫岩玉相似。

湖北绿松石：绿松石是古老的玉石之一，早在古埃及已被人所知，并被视为神秘之物，古有"荆州石"或"襄阳甸子"之称，呈深浅不同的蓝、绿等颜色，蜡状光泽。湖北产优质绿松石，中外著名，其玉器工艺品深受人民喜爱，畅销世界各国。

本章案例以玉雕配饰为主题，学习的目标主要包括：玉石的建模、玉石材质的调节与渲染，重点掌握应用ZBrush灰度图快速创建模型的方法，掌握玉石材质的调节与渲染技巧。玉石案例最终渲染合成效果如图2-2所示。

图2-2

2.2　模型制作

Step01 首先制作玉佩模型，打开ZBrush软件，单击"灯箱"按钮，关闭"灯箱"，如图2-3所示。

图2-3

Step02 单击"工具"→"灯箱工具"→Cylinder3D（多边形圆柱）命令创建多边形圆柱，然后再单击"生成PolyMesh3D"（生成多边形网格）命令，如图2-4所示。

Step03 在画布中拖拽绘制出一个圆柱形模型，然后单击Edit（编辑）按钮，如图2-5所示。

Step04 执行"几何体编辑"选项下"细分网格"单击按钮5次，将圆柱的"细分级别"提高为5，如图2-6所示。

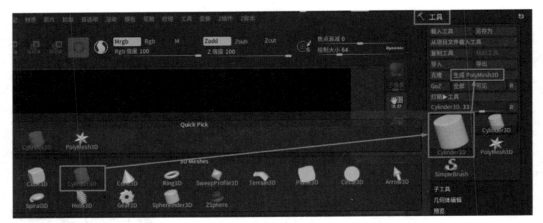

图2-4

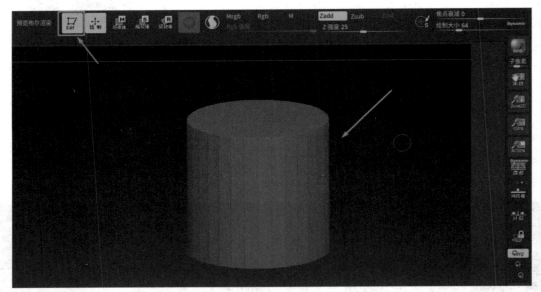

图2-5

图2-6

Step05 执行Alpha→"导入"按钮，导入Alpha（灰度图），如图2-7所示。

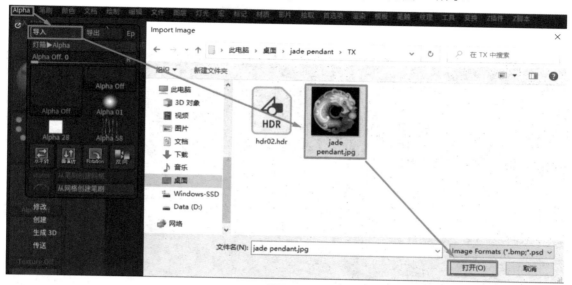

图2-7

Step06 单击Alpha菜单中的"生成3D"卷展栏，设置MRes（网格分辨率）为1024，设置MDep（网格深度）为25，选择"双面"，单击"生成3D"按钮，生成的3D网格模型如图2-8所示。

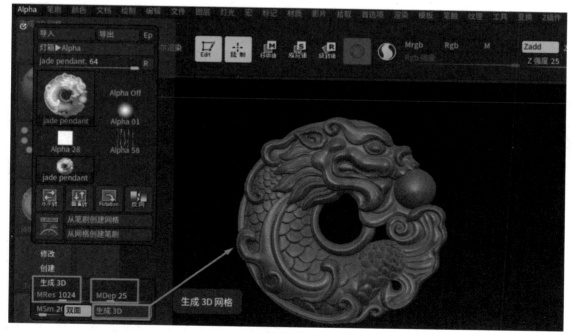

图2-8

Step07 网格分辨率设置越高，生成的3D模型越精细。接下来为生成的玉佩模型进行减少面数操作，执行ZRemesher（重新拓扑）命令，对模型重新拓扑布线。单击工具架上的

LineFill-PolyF图标，开启模型的线框模式，在ZRemesher卷展栏中，设置"目标多边形数"选择"一半"，单击ZRemesher按钮，如图2-9所示。ZBrush软件会自动进行减少面数拓扑运算并且在软件上端会有运算进度条显示。

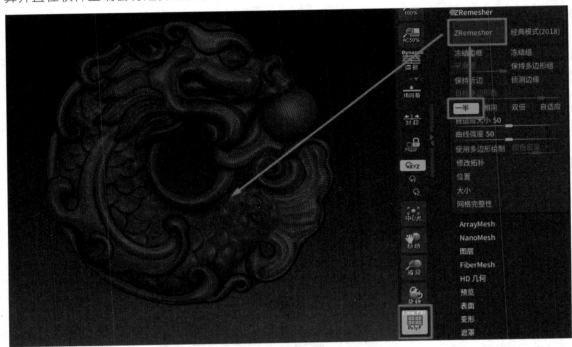

图2-9

Step08 玉佩模型精简完模型面数后，执行"工具"→"导出"命令，设置"保存类型"为OBJ格式，单击"保存"按钮，如图2-10所示。

图2-10

视频讲解

2.3　模型 UV

Step01 开启Maya软件，将模型拖拽到Maya软件中，"旋转Z"设置为"−180°"，如图2-11所示。

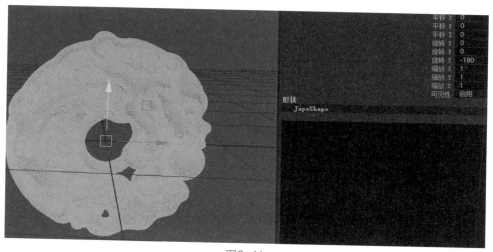

图2-11

Step02 为玉佩模型展分UV，按空格键切换到前视图，执行UV→"UV编辑器"命令，打开"UV编辑器"窗口。选择玉佩模型，执行"创建"→"平面映射"命令，设置"投射源"为"Z轴"，单击"应用"按钮，玉佩模型UV展分如图2-12所示。

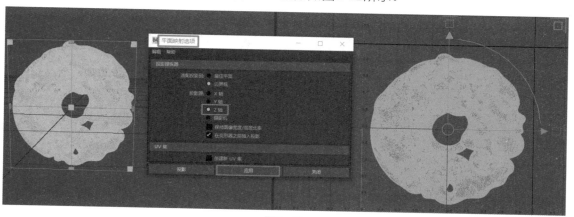

图2-12

Step03 在"UV编辑器"中右击选择UV菜单，然后按Ctrl键+鼠标右键切换"到UV壳"菜单，将模型UV选择上，按快捷键R键，缩小UV，并将玉佩模型UV放在UV第一象限空间内，如图2-13所示。

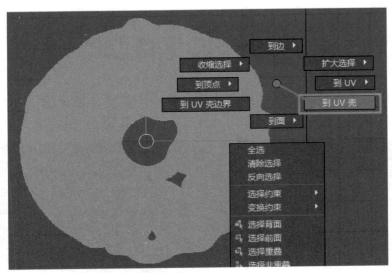

图2-13

2.4 设置灯光

Step01 现在为场景添加HDRI，增加反射效果，使玉佩渲染更逼真。执行Arnold→Lights→Skydome Light（天穹光）命令，选择天穹光环境球的aiSkyDomeLightShape1属性栏，然后在SkyDomeLight Attributes（天穹光环境球属性）卷展栏中的Color（颜色）通道上链接本章提供的一张HDRI图像进行照明，如图2-14所示。

图2-14

Step02 然后将SkyDomeLight Attributes（天穹光环境球属性）卷展栏中的Exposure（曝光度）设置为0.4，Resolution（分辨率）提高为5000，Samples（采样率）设置为3，取消Cast Shadows（投射阴影），如图2-15所示。

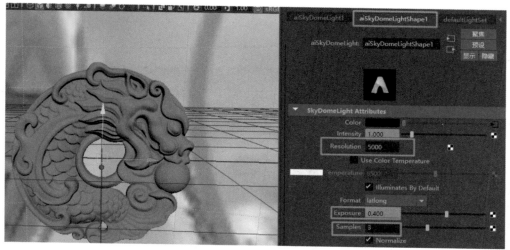

图2-15

2.5 材质设置

Step01 在场景中选择玉佩模型，右击选择"指定新材质"，然后在弹出的"指定新材质"窗口中选择Arnold→aiStandardSurface（标准表面材质球），创建Arnold的标准表面材质球，如图2-16所示。

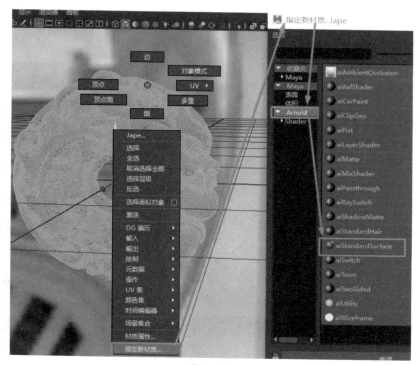

图2-16

Step02 执行Arnold→Open Arnold Render View命令，打开Arnold Render View（实时交互式渲染器），如图2-17所示。

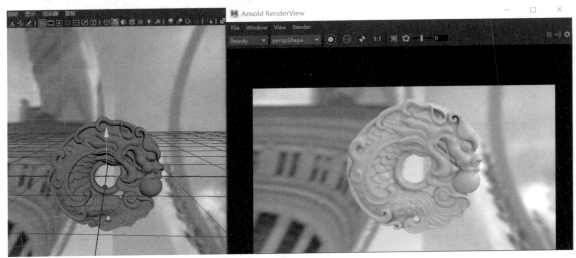

图2-17

技巧提示

可以通过Arnold Render View（实时交互式渲染器）进行测试渲染，用户可以快速高效地预览和调整灯光、着色器、纹理和运动模糊。

Step03 将aiStandardSurface1（标准材质球）中的SubSurface（次表面散射）卷展栏的Weight权重值调整为1，SubSurface Color调整为青绿色，Radius调整为深绿色，Scale调整为0.6，调整如图2-18所示。

图2-18

SubSurface Color：次表面散射的颜色。

Radius：次表面散射的强度，可以理解成光线从很深的地方散射出来被摄影机看到。此值用颜色来调节的原因是可以对红、绿、蓝三个通道的颜色做不同强度的散射，比如人的皮肤的次表面散射就不是均匀的。

Scale：此值可以整体放大材质的次表面散射强度，Scale越大，物体越"通透"。真实世界物体的次表面散射效果不仅与其材质有关，还与模型大小有关，一块超大翡翠和一块小翡翠挂件所表现出来的SSS效果是不一样的，使用Scale值可以让模型去匹配其真实比例大小。

Step04 执行"窗口"→"渲染编辑器"→Hypershade（材质编辑器），打开"材质编辑器"窗口，在"材质工作区"中，单击"为选定材质对象的制图"图标，将aiStandardSurface1（标准表面材质球）加载到"材质工作区"，然后单击"2D纹理"→"渐变"，创建渐变纹理节点，调整渐变纹理颜色为青绿色，并将渐变纹理的"输出颜色"属性链接到aiStandardSurface1标准材质球的SubSurface Color属性上，如图2-19所示。

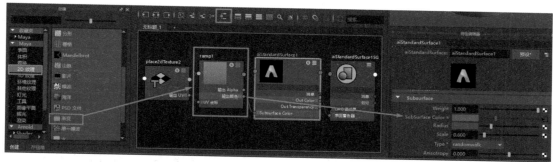

图2-19

Step05 为丰富玉石的质感和通透感，将ramp1（渐变纹理）节点的"渐变属性"卷展栏中的"类型"设置为UV Ramp，"插值"设置为Smooth（光滑），"噪波"设置为0.548，"噪波频率"设置为0.123，如图2-20所示。

图2-20

Step06 为了丰富玉石的颜色质感，继续增加渐变纹理的颜色，在颜色条上新添加橙黄颜色，渲染如图2-21所示。

图2-21

Step07 选择场景中的环境球模型，按Ctrl+A组合键，打开其"属性编辑器"，在"属性编辑器"的aiSkyDomeLightShape1中的SkyDomeLight Attributes（天穹光环境球属性）卷展栏，将Resolution（分辨率）设置为5000，提高天穹光环境球的分辨率，将Exposure（曝光度）设置为0.4，将Samples（采样率）设置为3，如图2-22所示。

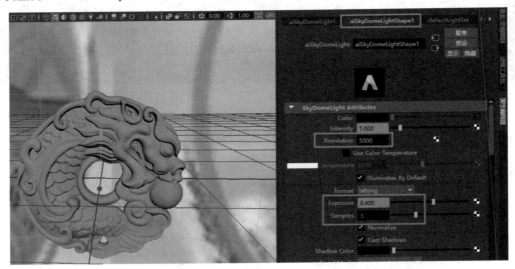

图2-22

2.6 渲染设置

Step01 为了获得更高的渲染品质，最终渲染设置建议同时开启采样和光线跟踪深度选项提高渲染，打开"渲染设置"窗口，设置使用渲染器Arnold Renderer，调整Sampling

（采样率）选项：Camera（AA）（摄影机总采样）设置为4，Diffuse（漫反射）设置为3，Specular（镜面反射）设置为3，Transmission（透射）设置为3，SSS（次表面散射）设置为3，Volume Indirect（体积反弹）设置为0。调整Ray Depth（光线跟踪深度）选项：Diffuse（漫反射）设置为2，Specular（镜面反射）设置为2。执行"渲染视图"→"渲染当前帧"图标，渲染效果如图2-23所示。

图2-23

Step02 选择场景中的环境球模型，在环境球aiSkyDomeLightShape1属性中的Visibility（显示）卷展栏，设置Camera（摄影机）为0，执行"渲染视图"→"渲染当前帧"图标，渲染效果如图2-24所示。

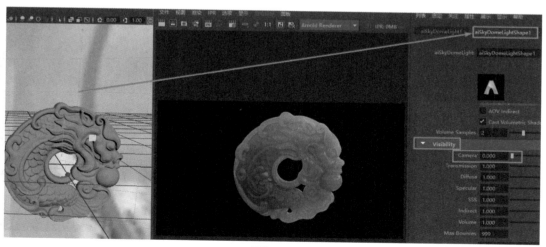

图2-24

Step03 执行"渲染视窗"→"文件"→"保存图像"窗口，在"保存图像"选项的"保存模式"中选择"已管理颜色的图像-视图变换已嵌入"选项，单击"应用"按钮，如图2-25

所示。然后再次单击"保存图像"命令，将渲染完成的玉佩图像保存为JPEG格式图像。

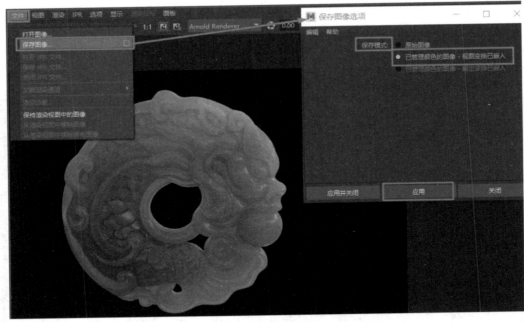

图2-25

Step04 从网络上搜集合适的背景素材，然后将渲染图像和背景素材导入PS软件中进行合成，最终效果如图2-2所示。

2.7　课后练习

（1）简述玉石材质具有的基本特性。

（2）综合运用本章所学知识进行玉石模型创建并进行材质的调节与渲染练习。

（3）如图2-26所示，根据本章提供的灰度图进行吊坠模型创建及翡翠玉石材质的调节与渲染。制作思路：

● 应用ZBrush软件创建吊坠模型。

● 翡翠玉石材质调节与渲染要求表现出翡翠玉石的通透质感效果。

图2-26

第3章

橙汁饮料材质渲染案例

教学目标

- 掌握饮料瓶塑料材质的调节
- 掌握橙汁材质的调节
- 掌握透明贴图的制作与渲染

- 掌握三点照明的布光方法
- 掌握灯光编辑器的应用
- 掌握渲染设置技巧

3.1 案例分析

视频讲解

　　近年来橙汁饮品因营养丰富、口味大众已成为人们日常生活中的饮品首选。本章案例以橙汁饮料产品外观设计为主题，主要学习橙汁饮料的材质与渲染，使用Arnold"预设"材质配合HDRI全局照明技术渲染出写实质感塑料和橙汁饮料效果，如图3-1所示。本章案例所涉及的主要内容包括："预设"塑料材质、橙汁材质、饮料瓶瓶身标签贴图以及树叶透明贴图的调节与制作；重点掌握饮料瓶塑料材质、橙汁材质与透明贴图的调节与渲染，掌握场景灯光的布光方法与渲染设置技巧。

图3-1

3.2 场景构建

Step01 打开场景模型文件，执行"文件"→"打开场景"命令，打开本章提供的场景文件Orange juice_sc001，如图3-2所示。

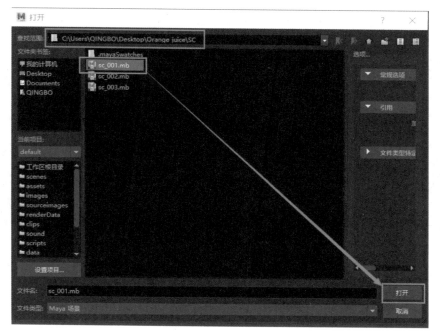

图3-2

Step02 执行"创建"→"摄影机"→"摄影机"命令,新建一台摄影机。然后在视窗中执行"窗口"→"透视"→Camera1命令,切换到摄影机视角,确定画面构图,开启"分辨率门"图标、"安全动作框"图标、"安全标题框"图标。选择Camera1(摄影机1),在"通道盒/层编辑器"的cameraShape1属性下设置摄影机"焦距"为50,如图3-3所示。

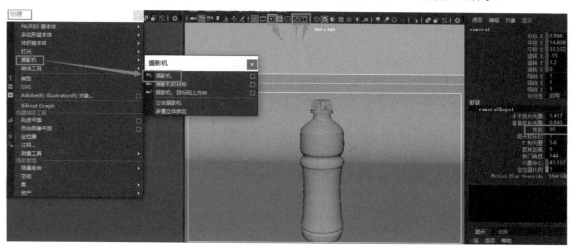

图3-3

Step03 在"状态行"中单击"显示渲染设置"图标,打开"渲染设置"窗口,"使用以下渲染器渲染"选择Arnold Renderer,在"公用"选项的"图像大小"卷展栏中,设置"宽度"为900,设置"高度"为750,确定画面构图后,单击视窗中的"锁定摄影机"图标,快速将摄影机属性进行锁定,如图3-4所示。

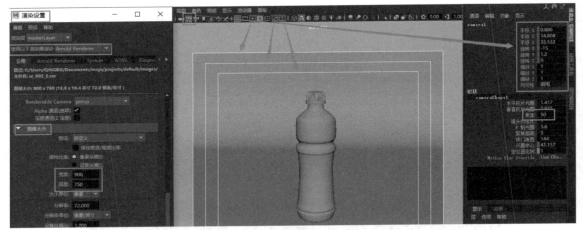

图3-4

视频讲解

3.3 设置灯光

Step01 执行"创建"→"灯光"→"平行光"命令，为场景创建一盏平行光，按下R键缩放其大小，在视窗中单击"使用所有灯光"图标、"阴影"图标，然后按E键旋转平行光，确定物体阴影的方向。再执行Arnold→OpenArnold RenderView命令，打开Arnold的OpenArnold RenderView（交互式渲染器），渲染如图3-5所示。

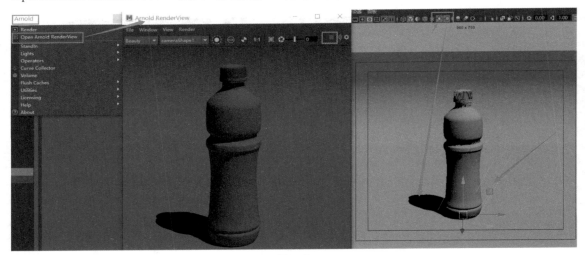

图3-5

Step02 选择平行光为其命名为Key（主光）。按Ctrl+A组合键，将平行光的directionalLightShape2属性中的Arnold卷展栏下的Exposure（曝光度）设置为0.1，Angle（角度）设置为6，Samples（采样率）设置为3，渲染如图3-6所示。

　　Angle（角度）属性控制灯光阴影的柔和程度，数值越大，灯光阴影越柔和；数值越小，灯光阴影越生硬。Samples（采样率）属性控制灯光采样的强度，采样值越高，降噪效果越好，最终画面渲染的品质越精良，但同时也会增加渲染的时间。

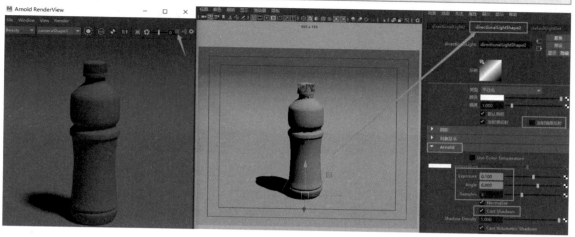

图3-6

Step03　执行Arnold→Lights→Area Light（面光源）命令，创建辅助灯光并为其命名为Fill（辅光），设置其Exposure（曝光度）为10，Samples（采样率）为3，取消勾选Cast Shadows产生阴影选项，然后将面光源放置在场景的右侧位置，渲染如图3-7所示。

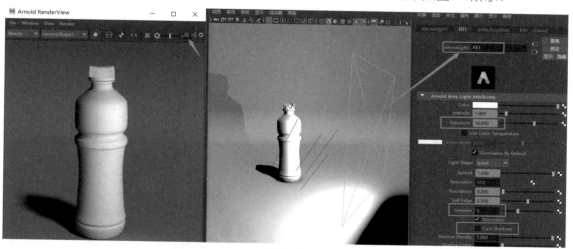

图3-7

Step04　选择Fill（辅光）复制辅助灯光Fill2，将其放置在左侧，补充主光源照不到的位置处，调整灯光的Exposure（曝光度）为6，降低其灯光的亮度，调整其亮度不超过主光源的亮度，设置Samples（采样率）为3，取消勾选Cast Shadows产生阴影选项，渲染如图3-8所示。

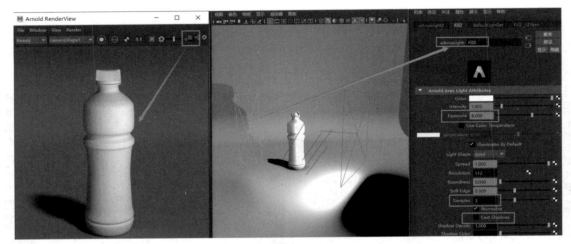

图3-8

灯光技巧

　　经典的布光方法——三点照明。三点照明是指灯光从三个不同角度对物体进行照明，此方法可以非常方便地照亮物体，使物体受三个不同角度的灯光的照明，使场景产生空间感和层次感。

Step05 继续复制辅助光Fill3添加一盏背景轮廓光，照亮饮料瓶的轮廓边缘，调整Fill3灯光属性，设置其Exposure（曝光度）为6，Samples（采样率）为3，取消勾选Cast Shadows产生阴影选项，然后将Fill3放置在饮料瓶的后面位置，渲染如图3-9所示。

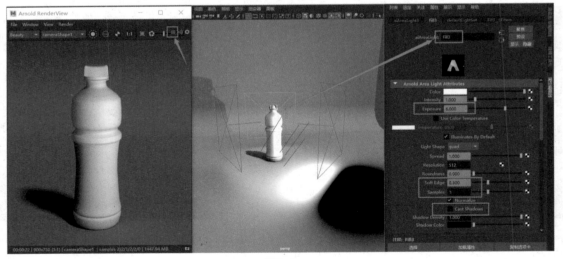

图3-9

Step06 单击"状态行"上的"灯光编辑器"快捷图标，打开灯光编辑器。灯光编辑器列出了场景中的所有灯光，以及每个灯光的常用属性，如图3-10所示。测试渲染时可以快速对场景中任意一盏灯光的启用、隔离和灯光属性（颜色、强度、曝光、采样、平移、旋转、缩放）进行调整，测试渲染非常方便。

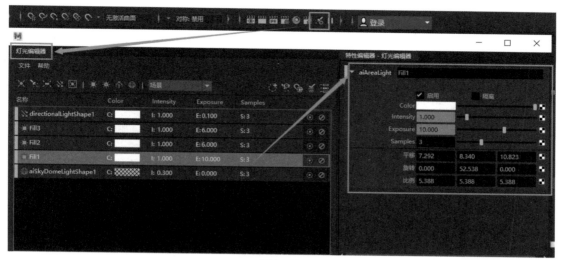

图3-10

技巧提示

　　由于场景中的灯光与自然界中的灯光是不同的，所以在能达到相同效果的情况下，应尽量减少灯光的数量和降低灯光的参数值，这样可以节省渲染时间。同时，场景中灯光越多，灯光管理就越困难，所以不需要的灯光最好将其删除。使用灯光隔离也是提高渲染效率的好方法，因为从一些光源中排除一些物体可以节省渲染时间，提高工作效率。

Step07 渲染后发现场景中的阴影被照亮，有些曝光过度，接下来需要调整场景中的灯光阴影，为了让平行光只照亮背景地面模型，在场景中选择平行光加选背景地面切换到渲染模块下，执行"照明/着色"→"生成灯光链接"命令，如图3-11所示。

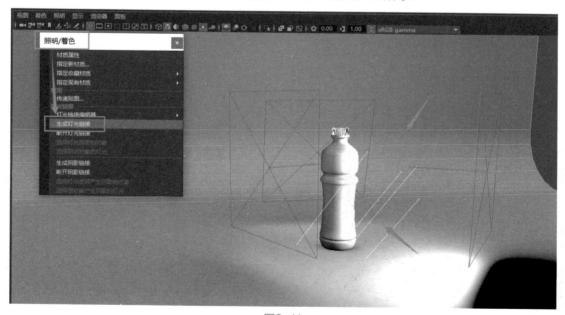

图3-11

Step08 选择场景中的三盏辅助面光源加选背景地面模型，执行"照明/着色"→"断开灯光链接"命令，如图3-12所示。

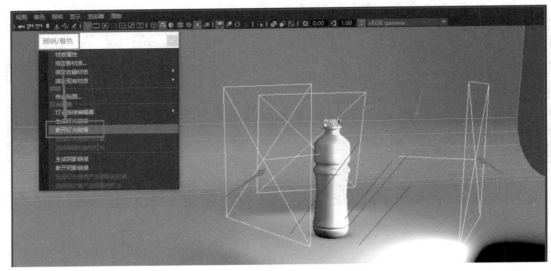

图3-12

3.4 材质设置

　　本案例中所涉及的材质设置主要有：塑料材质、橙汁材质、标签材质、树叶材质、地面材质。

视频讲解

3.4.1 饮料瓶材质设置

Step01 执行"窗口"→"渲染编辑器"→Hypershade（材质编辑器），打开"材质编辑器"窗口，在其创建aiStandardSurface（标准表面材质球），然后将材质球命名为thin_plastic，选择材质球，在其"预设"材质选项选择Thin_Plastic（薄塑料）材质，如图3-13所示。

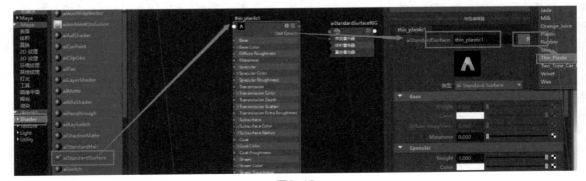

图3-13

Step02　在场景中选择饮料瓶瓶身模型，在Hypershade（材质编辑器）的"材质工作区"中的thin_plastic材质球A图标上右击选择"将材质指定给视口选择"菜单，将材质指定给场景中的饮料瓶瓶身模型，如图3-14所示。

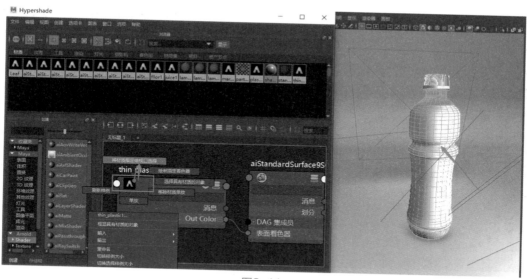

图3-14

3.4.2　瓶盖材质设置

Step01　执行"窗口"→"渲染编辑器"→Hypershade（材质编辑器），打开"材质编辑器"窗口，在其创建aiStandardSurface（标准表面材质球），然后将材质球命名为plastic，选择材质球，在其"预设"材质选项选择Plastic（塑料）材质，如图3-15所示。

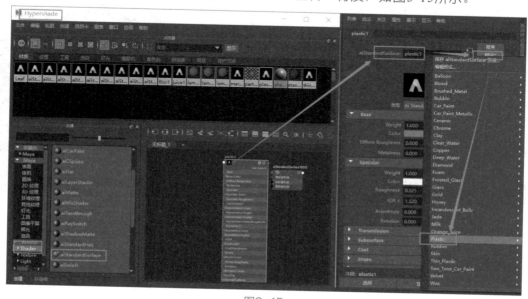

图3-15

Step02 在场景中选择饮料瓶瓶盖模型，在Hypershade（材质编辑器）的"材质工作区"中的plastic材质球A图标上右击选择"将材质指定给视口选择"菜单，将材质指定给场景中的饮料瓶瓶盖模型，如图3-16所示。

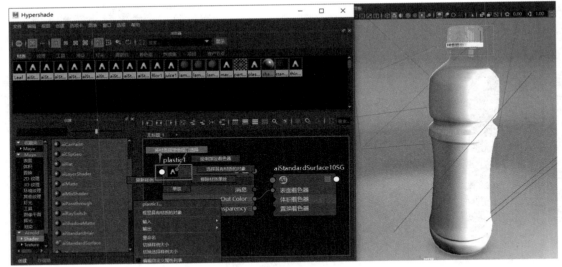

图3-16

Step03 "预设"中塑料材质默认的颜色是蓝色，将材质球的Color（颜色）蓝色调整为橙黄色，将Specular（高光）卷展栏的Weight（权重）设置为0.5，Roughness（粗糙度）设置为0.5，如图3-17所示。

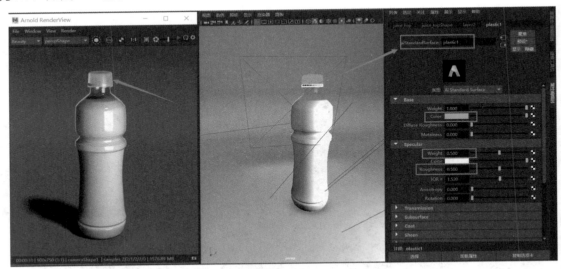

图3-17

3.4.3 橙汁材质设置

Step01 执行"窗口"→"渲染编辑器"→Hypershade（材质编辑器），打开"材质编辑器"窗口，在其创建aiStandardSurface（标准表面材质球），然后将材质球命名为juice，选择材质球，在其"预设"选项中选择"Orange_Juice"（橙汁）材质，如图3-18所示。

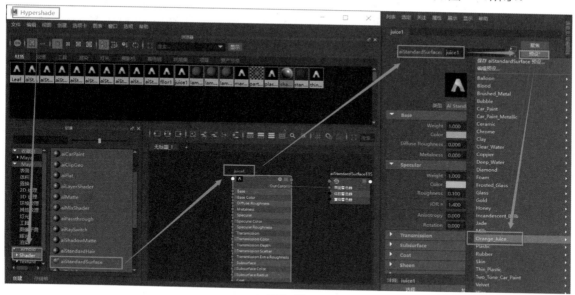

图3-18

Step02 在场景中选择橙汁模型，在"材质编辑器"的"材质工作区"中的juice材质球A图标上右击选择"将材质指定给视口选择"菜单，将材质指定给场景中的橙汁模型，如图3-19所示。

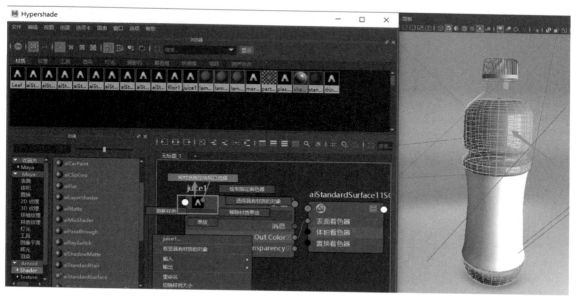

图3-19

Step03 经过测试渲染会发现轮廓光的强度有些曝光过度，调整轮廓光的Exposure（曝光度）为6，降低轮廓光的强度，如图3-20所示。

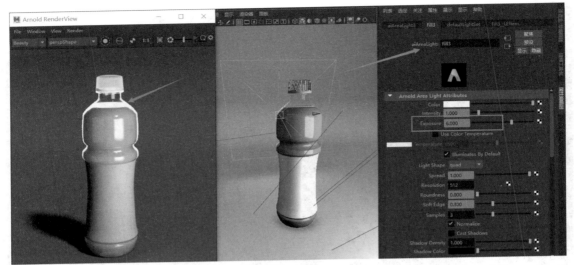

图3-20

Step04 继续调整橙汁饮料的高光颜色，将Specular（高光）中的Color（颜色）修改为橙黄色，单击"渲染视图"中的"渲染当前帧"图标，如图3-21所示。

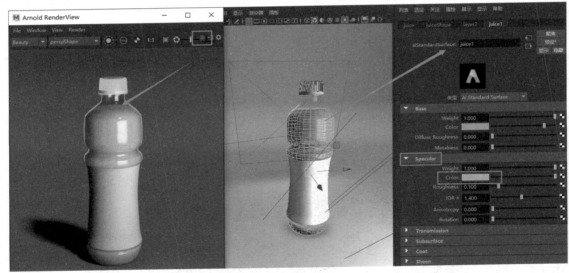

图3-21

3.4.4 标签材质设置

Step01 接下来为饮料瓶的标签模型设置材质，执行"窗口"→"渲染编辑器"→Hypershade（材质编辑器），打开"材质编辑器"窗口，在其创建aiStandardSurface（标准表面材质球），然后将材质球命名为mark，在场景中选择饮料瓶标签模型，在"材质编辑器"中的mark材质球A图标上右击选择"将材质指定给视口选择"菜单，然后在mark材质球的Color（颜色）通道上链接一张mark贴图，如图3-22所示。

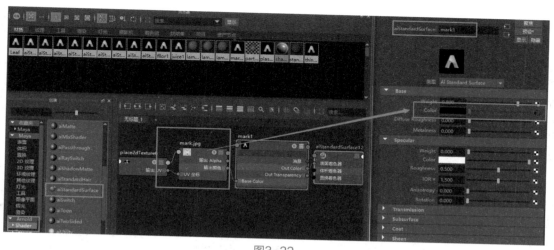

图3-22

Step02 默认情况模型UV是没有展分好的，需要为标签模型进行UV合理展分，因为UV展分的正确与否直接影响贴图的正确与否。选择标签模型，执行UV→"UV编辑器"，打开"UV编辑器"。然后在"UV编辑器"中执行"UV编辑器"→"创建"→"圆柱形"命令，标签模型UV合理展分如图3-23所示。

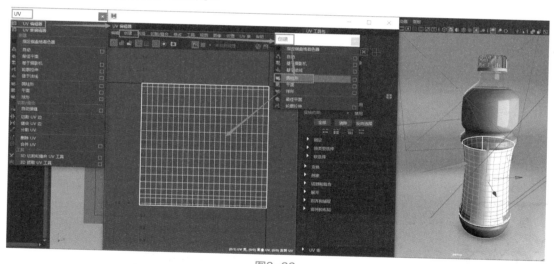

图3-23

3.4.5 地面材质设置

接下来为背景地面模型设置材质，执行"窗口"→"渲染编辑器"→Hypershade（材质编辑器），打开"材质编辑器"窗口，在其创建"aiStandardSurface"（标准表面材质球），然后命名为floor，将floor材质球的Weight（权重值）设为0.5，Roughness（粗糙度）设为0.5，在场景中选择地面模型，在"材质编辑器"中的floor材质球A图标上右击选择"将材质指定给视口选择"菜单，将材质指定给场景中的地面材质模型，如图3-24所示。

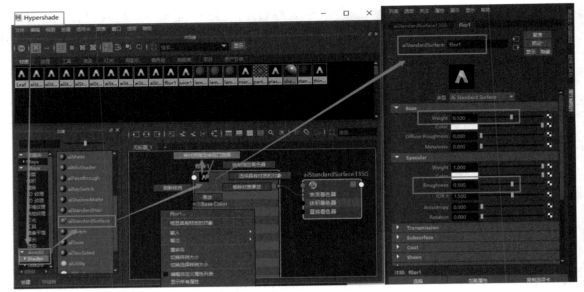

图3-24

视频讲解

3.4.6　树叶透明贴图

Step01 接下来学习树叶的透明贴图，首先在场景中创建树叶模型，然后为树叶模型创建黑白透明贴图。树叶贴图需要提前从网站搜集相关树叶的素材，如图3-25所示。

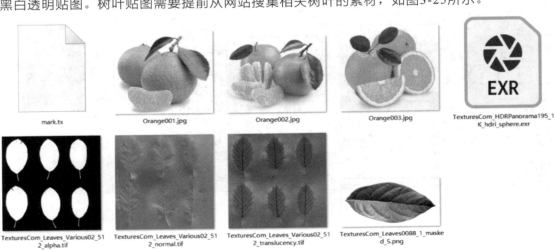

图3-25

Step02 在场景中创建多边形面片，将多边形面片的"细分宽度"设置为8，"高度细分数"设置为2，如图3-26所示。

技巧提示

通过透明贴图可以用简单的平面模型模拟出复杂的树叶模型，达到简化建模的作用。

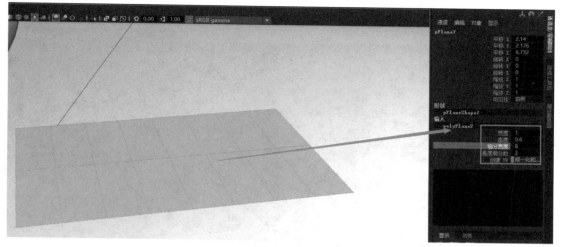

图3-26

Step03 根据搜集的树叶素材，应用Photoshop软件制作颜色贴图和Alpha（透明）贴图，如图3-27所示。贴图制作这里不再赘述，详细操作请参看微课视频教程。

Leaf_alpha.jpg

Leaf_color.jpg

技巧提示

　　Alpha（透明）贴图制作需要掌握规律，贴图中填充白色代表显示部分，填充黑色代表透明部分。

图3-27

3.4.7 树叶材质设置

Step01 接下来为树叶模型设置材质，执行"窗口"→"渲染编辑器"→Hypershade（材质编辑器），打开"材质编辑器"窗口，在其创建aiStandardSurface（标准表面材质球），材质球命名更改为Leaf，在场景中选择树叶模型，在"材质编辑器"的Leaf材质球A图标上右击选择"将材质指定给视口选择"菜单，将材质指定给场景中的树叶材质模型，如图3-28所示。

图3-28

Step02 将制作完成的树叶颜色贴图和树叶Alpha（透明）贴图拖拽到Hypershade（材质编辑器）的"材质工作区"中，然后将树叶颜色贴图链接到Leaf材质球的Color（颜色）属性上，将Alpha（透明）贴图链接到Leaf材质球的Geometry（几何体）选项下的Opacity（透明）属性上，材质网络链接如图3-29所示。

图3-29

> **注意**
>
> 选择树叶模型在其Arnold中取消勾选模型的不透明选项。

Step03 单击交互式渲染会发现树叶贴图渲染不正确，如图3-30所示。原因是树叶模型UV不正确，需将树叶的UV与树叶贴图正确匹配。

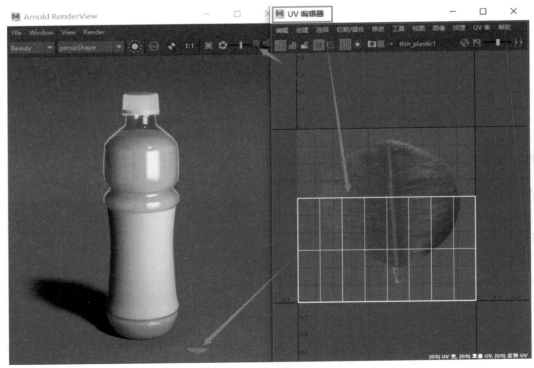

图3-30

Step04 选择树叶模型，执行"UV编辑器"→"平面"映射命令，在"平面映射选项"中设置"投影源"选择Y轴，单击"应用"按钮，树叶模型UV调整如图3-31所示。

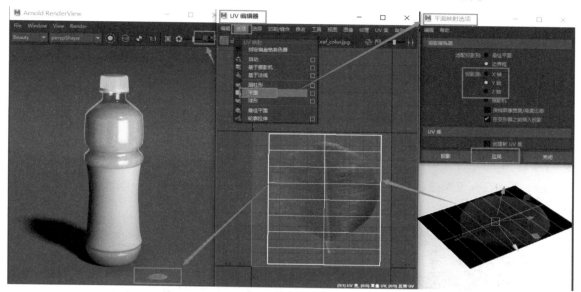

图3-31

Step05 然后选择编辑好UV的树叶模型，按Ctrl+D组合键，执行"复制"命令，复制得到两片树叶模型，通过移动旋转调整放置在场景中，如图3-32所示。

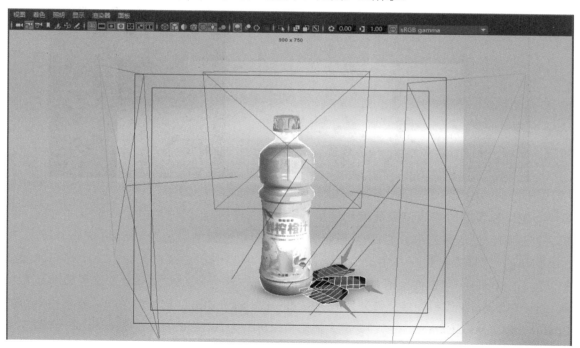

图3-32

视频讲解

3.5 测试渲染

3.5.1 测试渲染设置

Step01 为了提高测试渲染速度，打开"渲染设置"窗口，设置渲染器为Arnold Renderer。在Sampling（采样率）卷展栏中设置Camera（AA）（摄影机总采样）为1，Diffuse（漫反射）为1，Specular（镜面反射）为1，Transmission（透射）为1，SSS（次表面散射）为1，Volume Indirect（间接体积）为0。在视窗中执行IPR→"IPR渲染"→camera1命令，摄影机1视角渲染效果如图3-33所示。

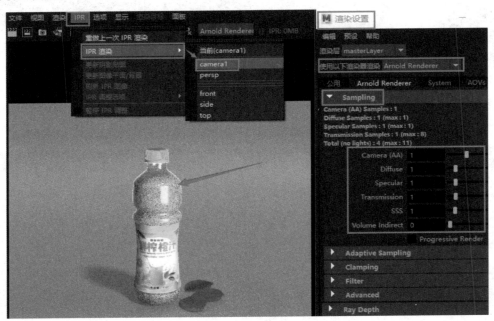

图3-33

Step02 为了同时提高渲染速度和渲染品质，应同时开启采样和自动适应采样选项，提高采样值和自适应采样值。打开"渲染设置"窗口，设置渲染器为Arnold Renderer，在Sampling（采样率）卷展栏中设置Camera（AA）（摄影机总采样）为3，Diffuse（漫反射）为2，Specular（镜面反射）为2，Transmission（透射）为2，SSS（次表面散射）为2，Volume Indirect（体积间接反弹）为0。在Adaptive Sampling（自适应采样）卷展栏中勾选Enable，设置Max.Camera（AA）（最大摄影机采样）为10，Adaptive Threshold（自适应阈值）为0.050。在"渲染视图"中执行IPR→"IPR渲染"→camera1（摄影机1视角），渲染效果如图3-34所示。

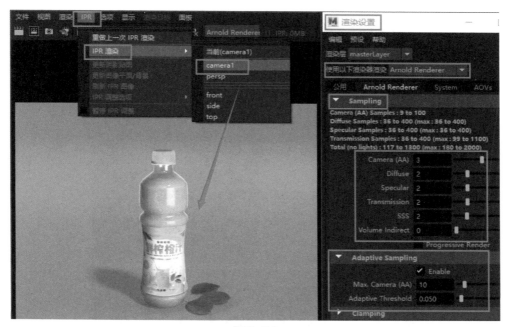

图3-34

Step03 测试渲染后会发现画面中橙汁饮料的颜色比较单一，树叶颜色渲染偏灰，饮料瓶标签渲染有些曝光过度。

3.5.2 橙汁颜色优化设置

Step01 接下来优化调整橙汁的材质，默认"预设"橙汁颜色比较单一，为了丰富橙汁的颜色，在juice1（橙汁）材质球的SubSurfaceColor（次表面散射颜色）通道上链接一个ramp2（渐变）纹理，节点链接如图3-35所示。

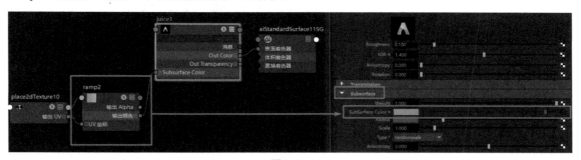

图3-35

Step02 调整ramp2的渐变属性，类型设置为U Ramp（U向渐变），插值设置为Smooth（光滑），设置亮部颜色为柠檬黄H：47、S：1、V：0.922，中间颜色为橙黄H：28、S：1、V：0.922，暗部颜色为橘红H：16、S：1、V：0.922，如图3-36所示。

Step03 设置完材质后，单击"渲染视窗"中的"渲染当前帧"图标，渲染如图3-37所示。

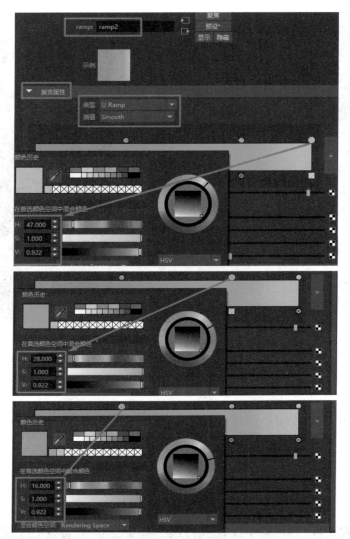

图3-36

图3-37

3.5.3　树叶颜色优化设置

Step01　树叶的颜色渲染偏灰，为了提亮场景中树叶的亮度，选择树叶模型，在其材质球的Base卷展栏中将Weight设置为1，Diffuse Roughness（漫反射粗糙度）设置为1。在Specular（镜面反射）卷展栏中将Roughness（粗糙度）设置为0.75。单击"渲染视窗"中的"渲染当前帧"图标，树叶渲染如图3-38所示。

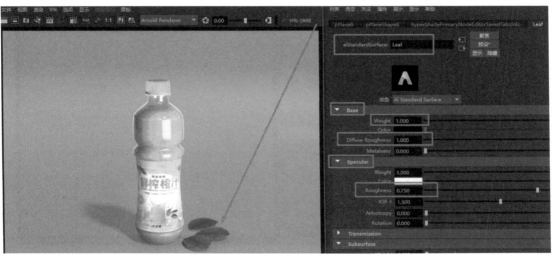

图3-38

Step02　为了提高整个场景的灯光亮度，将HDRI环境球的Intensity（强度）设置为0.5，Resolution（分辨率）设置为5000，单击"渲染视窗"中的"渲染当前帧"图标，渲染如图3-39所示。

图3-39

3.5.4 饮料瓶标签优化设置

饮料瓶标签渲染有些曝光过度，原因是饮料瓶标签受到了场景中所有灯光的照明，进行优化需要断开灯光操作，让标签模型只受到平行光和区域光的照明，取消环境球的照明。在"大纲视图"中选择标签模型，执行"窗口"→"关系编辑器"→"以对象为中心"命令，如图3-40所示。

图3-40

3.6 渲染设置

Step01 为了获得更高的渲染品质，最终渲染设置建议同时开启采样和自动适应采样选项并提高渲染设置的采样和自适应采样数值，打开"渲染设置"窗口，设置渲染器为Arnold Renderer。将Sampling（采样率）卷展栏的Camera（AA）（摄影机总采样）设置为5，Diffuse（漫反射）设置为3，Specular（镜面反射）设置为3，Transmission（透射）设置为3，SSS（次表面散射）设置为3，Volume Indirect（间接体积）设置为0。在Adaptive Sampling（自适应采样）卷展栏中勾选Enable（启动），设置Max.Camera（AA）（最大摄影机采样）为50，Adaptive Threshold（自适应阈值）为0.03。在"渲染视图"中执行"渲染"→"渲染"→"当前（Camera1）"切换到当前摄影机1视角，单击"渲染当前帧"图标，渲染效果如图3-41所示。

> **技巧提示**
>
> 采样选项和自动适应采样选项设置的参数数值越大，图像的渲染品质越高，同时渲染时间也会增长。一定要根据项目实际需求进行相应渲染设置，切记相关参数设置不要过大，以节省渲染时间、提高工作效率。

Step02 橙汁饮料最终渲染效果如图3-1所示。

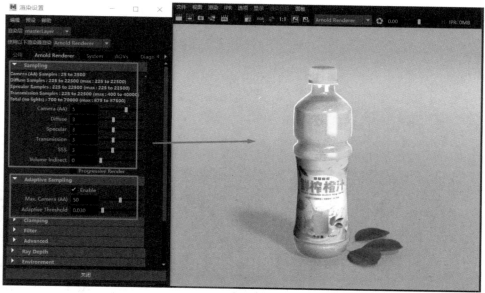

图3-41

3.7 课后练习

（1）简述三点照明布光的方法。

（2）综合运用本章所学知识进行橙汁饮料材质的调节与渲染练习。

（3）根据本章提供的水果橙子参考图像进行模型创建及渲染，如图3-42所示。制作思路：

● 橙子模型场景的创建。

● 水果橙子材质调节与渲染，要求表现出橙子表面的凹凸质感与树叶渲染效果。

（4）根据本章提供的果汁饮料瓶图像进行模型创建及渲染，效果参考如图3-43所示。制作思路：

● 饮料瓶模型的创建。

● 饮料瓶及饮料材质质感的调节与渲染。

图3-42

图3-43

第4章 石膏雕像材质渲染案例

教学目标

- 掌握白色石膏雕像材质的调节
- 掌握白色石膏雕像材质的渲染
- 掌握灯光的排除方法

- 掌握脏破石膏雕像材质的调节
- 掌握脏破石膏雕像材质的渲染
- 掌握材质编辑器的应用

4.1 白色石膏雕像渲染

本章学习白色石膏雕像的材质与渲染，使用Arnold标准材质球渲染出的写实质感白色石膏雕像效果，如图4-1所示。本章案例所涉及的主要内容包括：白色石膏雕像材质、地面材质的制作。重点掌握白色石膏材质的调节与渲染，掌握灯光的排除方法与渲染设置技巧。

4.1.1 案例分析

制作白色石膏雕像之前，大家可以到网络上搜集相关石膏雕像素材进行参考，通过素材观察分析石膏雕像材质的特点。石膏颜色是偏白色或灰白色的，表面纹理相对比较粗糙，没有高光，石膏材质质量轻、强度高、防火隔热，因此被广泛用作工业材料和建筑材料。本节案例主要实现白色石膏雕像的材质渲染效果。

图4-1

视频讲解

4.1.2 场景构建

Step01 打开雕像模型文件，执行"文件"→"打开场景"命令，打开本章提供的场景文件VNS模型，如图4-2所示。

Step02 导入模型后为模型指定一个材质，执行"窗口"→"渲染编辑器"→Hypershade（材质编辑器），打开材质编辑器窗口，在"材质编辑器"中的"材质工作区"按Tab键输入aiStandardSurface，在场景中选择VNS模型，右击选择"指定现有材质"中的aiStandardSurface材质球，将此材质球指定给雕塑模型，如图4-3所示。

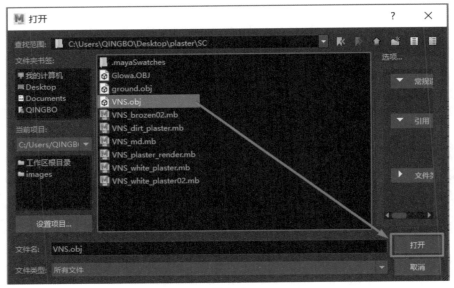

图4-2

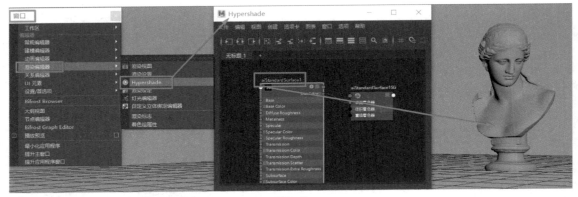

图4-3

Step03 执行"文件"→"导入"命令，将本章提供的ground（地面模型）导入场景中，如图4-4所示。

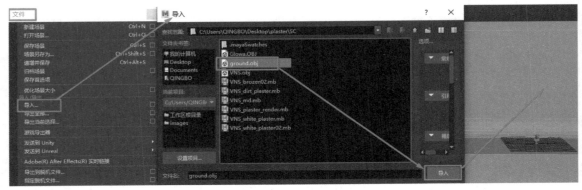

图4-4

Step04 在场景中新建一台摄影机，执行"创建"→"摄影机"→"摄影机"命令，如图4-5所示。

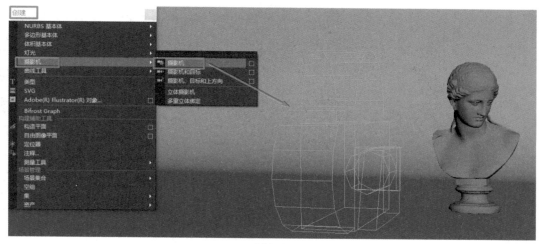

图4-5

Step05 在视图的窗口中，执行"窗口"→"透视"→camera1命令，切换到摄影机1视角，如图4-6所示。

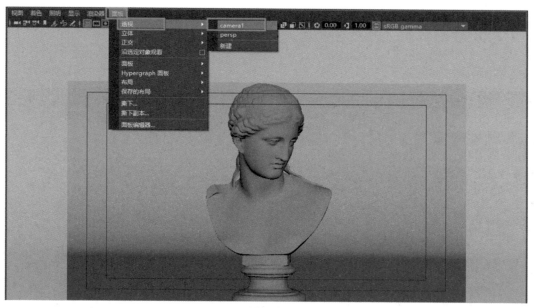

图4-6

Step06 确定画面构图，在视窗中开启"分辨率门"图标、"安全动作框"图标、"标题安全框"图标，在状态行打开"渲染设置"图标，然后在"渲染设置"窗口，使用以下渲染器渲染选择：Arnold Renderer，在"公用"选项下展开"图像大小"，"图像大小"设置画面尺寸宽度为900，高度为1200，单击视图中的"锁定摄影机"图标，"摄影机焦距"设置为60，如图4-7所示。

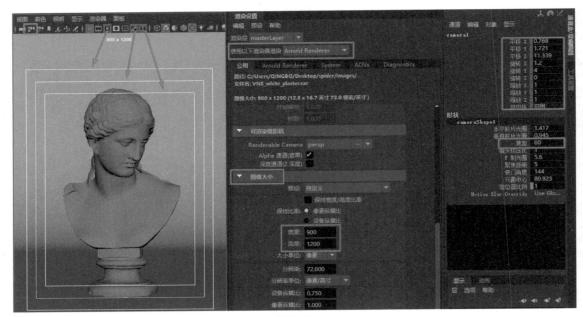

图4-7

4.1.3 设置灯光

Step01 执行Arnold→Lights→Area Light（区域光），创建一盏区域光，移动放置在场景的右侧位置，如图4-8所示。

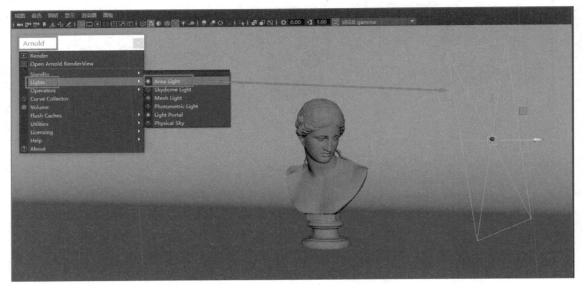

图4-8

Step02 执行Arnold→Open Arnold RenderView命令，打开Arnold的IPR交互式渲染器，然后在视图的窗口，执行"窗口"→"透视"→camera1命令，切换到摄影机1视角，渲染如

图4-9所示。

图4-9

Step03　选择面光源，按Ctrl+A组合键，打开灯光的aiAreaLightShape1属性，设置其Exposure（曝光度）为8，然后移动调整灯光的距离，取消勾选Cast Shadows（产生阴影）选项，设置Samples（采样率）为3，如图4-10所示。

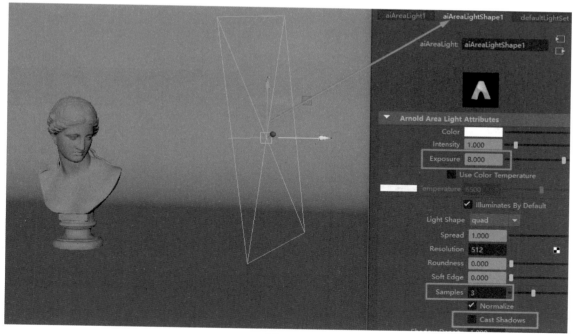

图4-10

Step04　执行"创建"→"灯光"→"平行光"命令，为场景创建一盏平行光，旋转平行光，确定主体的阴影方向。打开平行光的directionalLightShape1属性，设置其Exposure（曝光度）为0.5，提高平行光的亮度，设置Angle（角度）为6，设置Samples（采样率）为3，如图4-11所示。

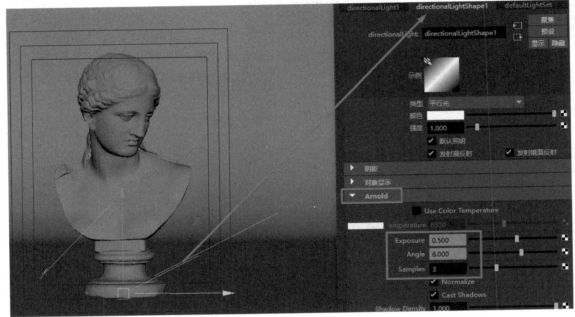

图4-11

Step05 执行"窗口"→"关系编辑器"→"灯光链接"→"以对象为中心"命令，设置灯光的排除，设置地面只受到平行光的照射，而断开面光源的照射，如图4-12所示。

图4-12

视频讲解

4.1.4 材质设置与渲染

Step01 调整石膏材质，在"材质编辑器"中打开aiStandardSurface3材质球，在其Specular（高光）卷展栏下设置Weight（权重）为0，设置Roughness（粗糙度）为0.5，如图4-13所示。

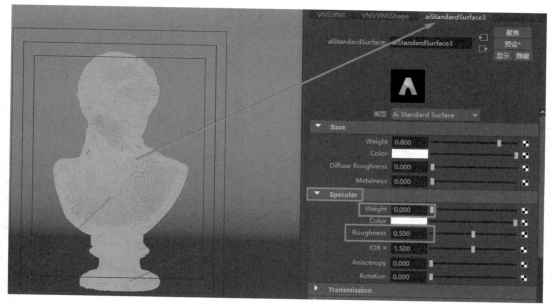

图4-13

Step02 在"状态行"中单击"渲染视图"快捷图标，打开"渲染器"窗口，在"渲染视图"中执行"渲染"→"渲染"→"当前（camera1）"并切换到当前摄影机1视角，渲染如图4-14所示。

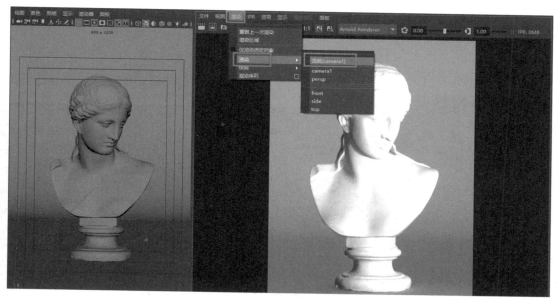

图4-14

Step03 经过渲染测试发现，雕像额头灯光渲染稍微有些曝光过度，选择面光源的aiAreaLightShape1属性，设置其Exposure（曝光度）为7，降低面光源的曝光度，在"渲染视图"中单击"保持图像"图标，将目前渲染的图像进行暂时保存，再执行"渲染视图"中的"渲染当前帧"图标，如图4-15所示。

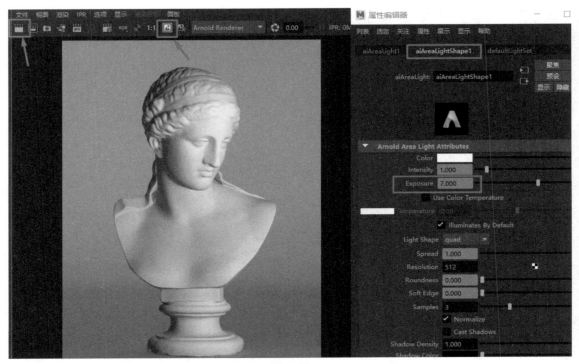

图4-15

Step04 选择地面模型，右击并选择"添加新的材质"，会弹出"指定新材质"窗口，在其中单击Arnold的aiStandardSurface（标准表面材质球）。将aiStandardSurface4材质球的Specular（高光）卷展栏下的Weight（权重）设置为0，Roughness（粗糙度）设置为0.5，将地面颜色调暗，由白色调整为灰白色，如图4-16所示。

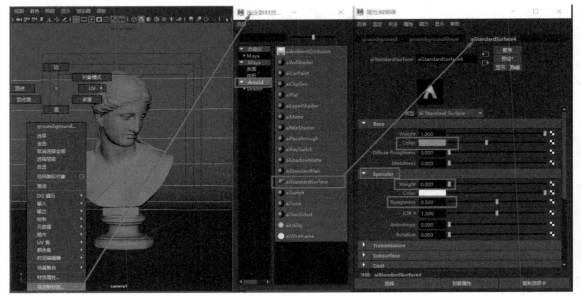

图4-16

Step05 执行"渲染视图"→"渲染当前帧"，单击"渲染当前帧"图标，如图4-17所示。

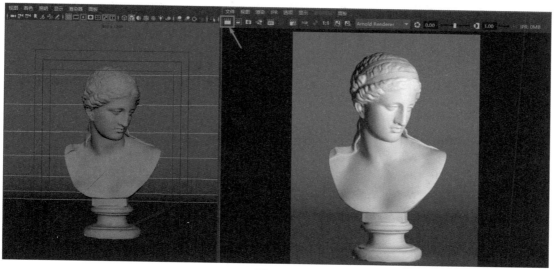

图4-17

Step06 为了增加雕像模型的表面细节，为其添加法线贴图。执行"窗口"→"渲染编辑器"→Hypershade（材质编辑器），打开"材质编辑器"窗口，为aiStandardSurface1材质球的NormalCamera（摄影机法线）通道链接一张法线贴图，将本章提供的法线贴图直接拖拽到"材质编辑器"的"材质工作区"中，按Tab键输入aiNormalMap1节点，将法线贴图的"输出颜色"属性链接到aiNormalMap1的Input属性上，将aiNormalMap1的Outvalue属性链接到aiStandardSurface1材质球的NormalCamera（摄影机法线）属性上，将法线贴图的"颜色空间"设置为Raw，在"颜色平衡"属性下勾选"Alpha为亮度"，如图4-18所示。

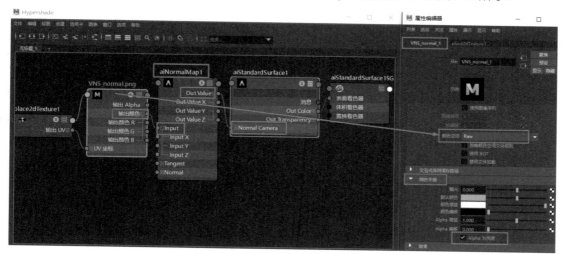

图4-18

Step07 执行"渲染视图"→"渲染当前帧"，单击"渲染当前帧"图标，此时放大渲染图像会发现雕像表面增加了一些小的凹凸细节变化，如图4-19所示。

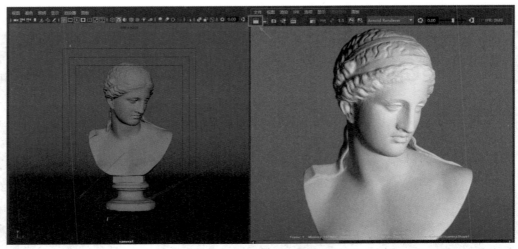

图4-19

视频讲解

4.2　脏旧破损石膏雕像渲染

4.2.1　案例分析

　　4.1节我们实现了纯白色石膏雕像的渲染效果，纯白色石膏雕像制作流程相对比较简单，而表现脏旧破损的石膏雕像渲染制作就相对复杂一些。白色石膏雕像由于长时间的存放，雕像表面就会落有灰尘或出现脏迹，并且在日常搬拿堆放过程中难免还会出现划痕破损现象。本节案例所涉及的主要学习内容包括：通过编辑材质编辑器中的材质节点网络实现石膏表面脏旧且带有划痕破损的石膏雕像渲染效果，如图4-20所示。

图4-20

4.2.2　场景构建

Step01 执行"文件"→"打开场景"命令，打开本章提供的白色石膏雕像场景文件，如图4-21所示。

Step02 执行"窗口"→"渲染编辑器"→Hypershade（材质编辑器），打开"材质编辑器"窗口，在"材质编辑器"的"材质工作区"中按Tab键输入aiStandardSurface1，并为材质球更改命名为dirt，打开本章提供的脏迹颜色贴图和脏迹法线贴图文件，直接拖拽到"材质编辑器"中，将颜色贴图的"输出颜色"属性链接到dirt材质球的Base Color（基础颜色）属性上，按Tab键输入aiNormalMap2，将法线贴图的"输出颜色"属性链接到 aiNormalMap2的Input（输入）属性上，将aiNormalMap2的Out Value属性链接到dirt材质球 的Normal Camera（摄影机法线）属性上，如图4-22所示。

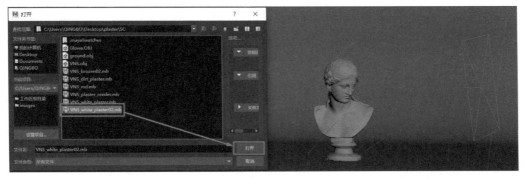

图4-21

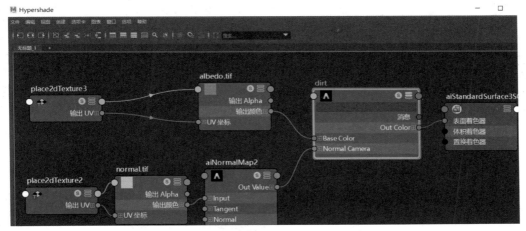

图4-22

Step03 选择脏迹法线贴图文件，将法线贴图的"颜色空间"设置为Raw，在"颜色平衡" 属性下勾选"Alpha为亮度"，如图4-23所示。

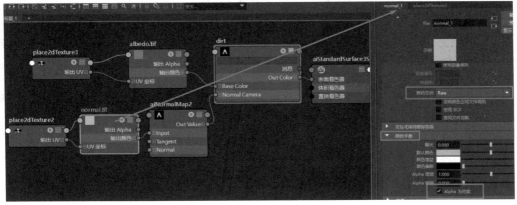

图4-23

Step04 在场景中选择雕像模型，然后右击在"指定现有材质"中选择dirt材质，将此材质指定给场景中的雕像模型，如图4-24所示。

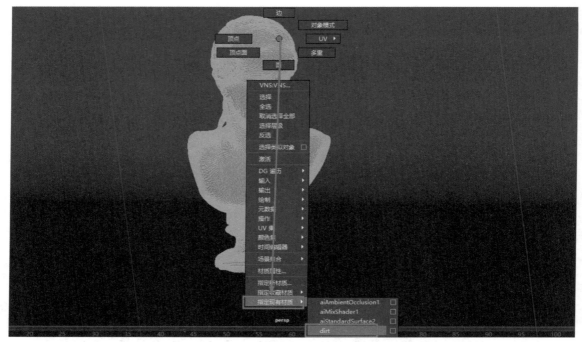

图4-24

Step05 在"状态行"中单击"渲染视图"快捷图标，打开"渲染器"窗口，在"渲染视图"中执行"渲染"→"渲染"→camera1，切换到摄影机1视角进行渲染，如图4-25所示。

图4-25

4.2.3 材质设置与渲染

Step01 选择雕像模型，按Ctrl+A组合键，打开dirt材质球的属性，将Specular（高光）属性Weight设置为0，Roughness（粗糙度）设置为0.5，如图4-26所示。

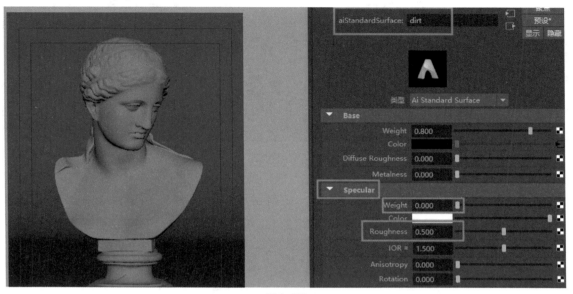

图4-26

Step02 将脏迹法线贴图的"颜色空间"设置为Raw，在"颜色平衡"属性下勾选"Alpha为亮度"，如图4-27所示。

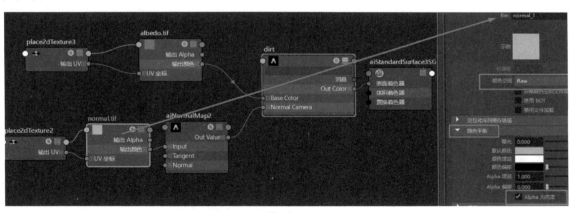

图4-27

Step03 接下来实现脏旧破损的石膏雕像效果，执行"窗口"→"渲染编辑器"→Hypershade（材质编辑器），打开"材质编辑器"窗口，在"材质编辑器"的"材质工作区"中按Tab键输入aiMixshader1（混合材质节点），将dirt材质球的Out Color属性链接给aiMixShader1的Shader1属性，将white（白色石膏材质）的Out Color属性链接给aiMixShader1的Shader2属性，然后选择aiMixshader1（混合材质节点）指定给场景中的雕像模型，如图4-28所示。

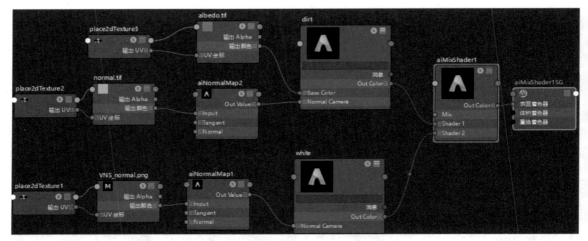

图4-28

Step04 在 "状态行" 中单击 "渲染视图" 快捷图标, 开启 "渲染器" 窗口, 在 "渲染视图" 中执行 "渲染" → "渲染" →camera1, 切换到摄影机1视角进行渲染, 如图4-29所示。

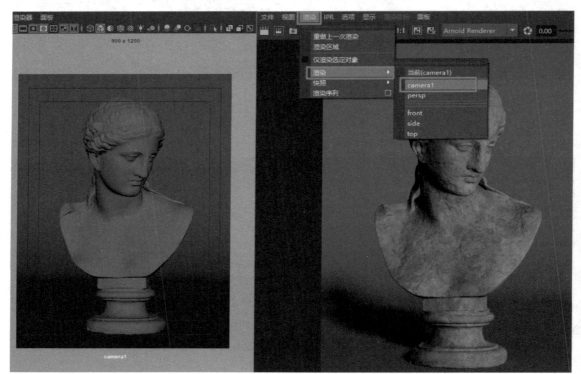

图4-29

Step05 执行 "窗口" → "渲染编辑器" →Hypershade (材质编辑器), 打开 "材质编辑器" 窗口, 在 "材质编辑器" 的 "材质工作区" 中按Tab键输入aiCurvature1 (曲率节点), 将aiCurvature1 (曲率节点) 的OutColor R链接到aiMixShader1 (混合材质节点) 的Mix (混合) 属性上, 如图4-30所示。

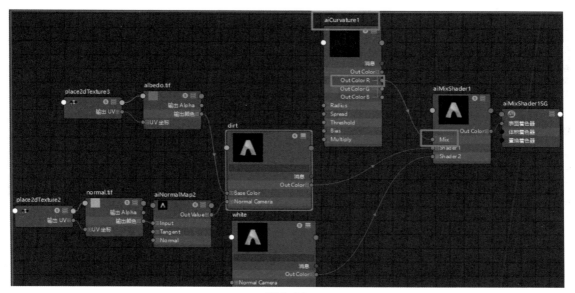

图4-30

Step06 执行Arnold→Open Arnold RenderView命令，打开Arnold的IPR交互式渲染器，可以实时交互测试曲率节点的渲染效果，选择aiCurvature1（曲率节点），调整曲率节点的属性，单击"渲染视窗"中的"隔离通道"图标，渲染效果如图4-31所示。详细操作这里不再赘述，具体请参看微课视频。

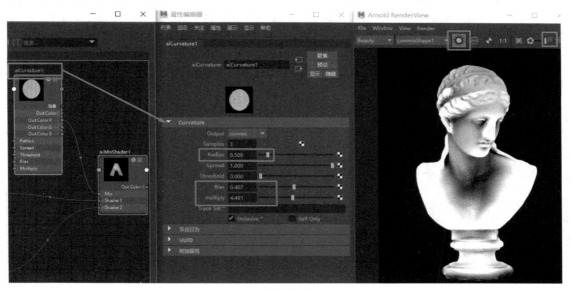

图4-31

Step07 为了表现石膏雕像的细节，再次在"材质编辑器"的"材质工作区"中按Tab键输入aiAmbientOcclusion1（AO节点），将aiAmbientOcclusion1（AO节点）的OutColor R链接到aiMixShader1（混合材质节点）的Mix（混合）属性上，单击"渲染当前帧"图标，渲染如图4-32所示。

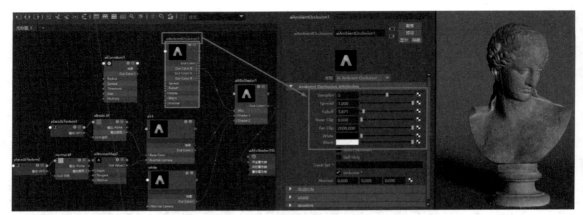

图4-32

Step08 执行"窗口"→"渲染编辑器"→Hypershade（材质编辑器），打开"材质编辑器"，在"材质编辑器"的"材质工作区"中按Tab键输入aiMax1（曲率节点），将aiCurvature1（曲率节点）和aiAmbientOcclusion1（AO节点）进行混合，将aiCurvature1（曲率节点）的OutColor（输出颜色）属性链接到aiMax1（Max节点）的Input1（输入1）属性上，将aiAmbientOcclusion1（AO节点）的OutColor（输出颜色）属性链接到aiMax1（Max节点）的Input2（输入2）属性上，将aiMax1（Max节点）的OutColor R属性链接到aiMixShader1（混合材质节点）的Mix（混合）属性上，如图4-33所示。

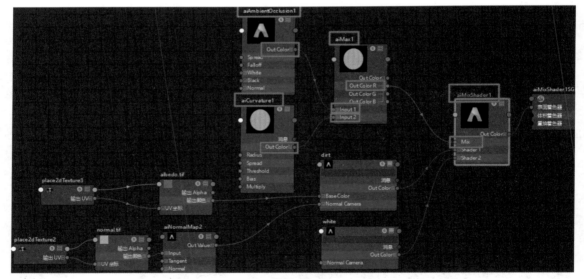

图4-33

Step09 在"状态行"中单击"渲染视图"快捷图标，打开"渲染器"窗口，在"渲染视图"中执行"渲染"→"渲染"→camera1，切换到摄影机1视角进行渲染，如图4-34所示。
Step10 石膏雕像最终渲染效果，如图4-1所示。

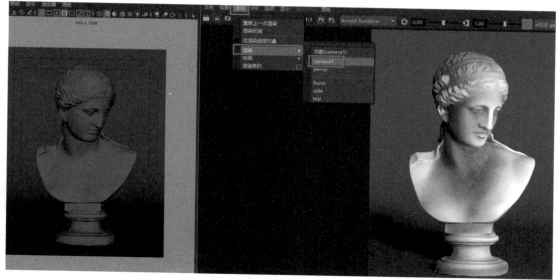

图4-34

4.3 课后练习

（1）简述打开材质编辑器的几种方法。

（2）综合运用本章所学知识进行干净的白色石膏雕像的调节与渲染练习。

（3）综合运用本章所学知识进行脏旧破损的石膏雕像的调节与渲染练习。

（4）根据本章提供的机甲模型，制作机甲模型的磨损痕迹的效果，渲染如图4-35所示。

制作思路：

● 综合应用曲率着色器和混合着色器制作磨损金属效果。

● 主要实现机甲模型上坚硬表面喷漆边缘磨损效果。

图4-35

第5章 青铜雕像材质渲染案例

教学目标

- 掌握青铜雕像材质的设置
- 掌握青铜雕像材质的渲染
- 掌握凹凸贴图实现雕像破损效果

- 掌握应用天穹光HDRI图像照明
- 掌握灯光链接编辑器的应用
- 掌握快速渲染设置技巧

5.1 案例分析

视频讲解

　　青铜是历史上最早发现的合金，强度高、熔点低。青铜在古代被称为金或者吉金，是红铜和锡、铅等化学元素的合金，青铜器刚刚铸造完成时颜色是金色的，埋在土里后颜色因氧化锈蚀会变为青绿色，因此被称为青铜，如图5-1所示。

　　本章学习青铜雕像的材质设置与渲染，使用Arnold配合HDRI图像照明渲染出青铜雕像效果，如图5-2所示。本章案例所涉及的主要学习内容包括：青铜材质、铜锈材质、如何应用凹凸贴图实现雕像破损效果、如何应用天穹光HDRI图像照明。重点掌握青铜材质制作和天穹光HDRI图像照明，掌握灯光链接编辑器的应用与快速渲染设置技巧。

图5-1

图5-2

5.2 场景构建

Step01 执行"文件"→"打开场景"命令，选择本章提供的场景文件VNS_Bronze_SC001.mb，单击"打开"按钮，打开场景模型文件，如图5-3所示。

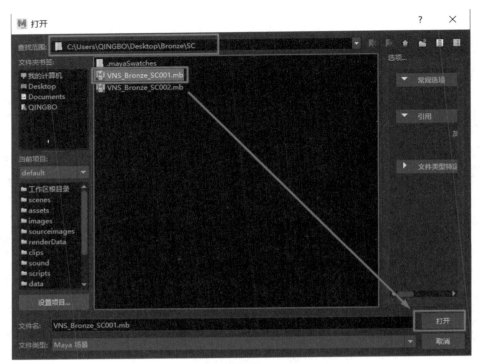

图5-3

Step02 执行"创建"→"摄影机"→"摄影机"命令，新建一台摄影机。然后在视图中，执行"窗口"→"透视"→camera1命令，切换到摄影机1视角，开启"分辨率门"图标、"安全动作框"图标、"安全标题框"图标，如图5-4所示。

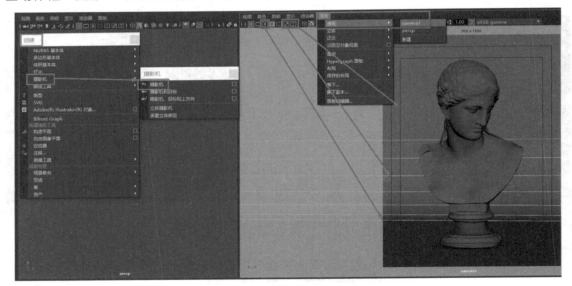

图5-4

Step03 在"状态行"中单击"显示渲染设置"快捷图标，打开"渲染设置"窗口，"使用以下渲染器渲染"选择Arnold Renderer（Arnold渲染器），在"公用"选项下的"图像大小"

卷展栏中设置"宽度"为900,"高度"为1200,如图5-5所示。

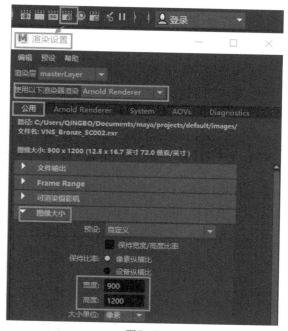

图5-5

Step04 为画面雕像增加一点透视效果,设置摄影机"焦距"为50,调整画面构图后单击视图中的"锁定摄影机"快捷图标,将摄影机属性锁定,如图5-6所示。

图5-6

5.3 设置灯光

Step01 首先在视窗中开启"使用所有灯光"图标，场景会变成漆黑一片，执行"创建"→"灯光"→"平行光"命令，创建一盏平行光照亮场景，单击"阴影"图标、"屏幕空间环境光遮挡"图标、"多采样抗锯齿"图标，如图5-7所示。

图5-7

Step02 选择平行光，旋转平行光，确定阴影的方向。按Ctrl+A组合键，打开平行光的属性，取消勾选"发射镜面反射"，Exposure（曝光度）设置为1.5，Exposure属性控制灯光的曝光度，数值越大曝光越强。Angle（角度）设置为6，Angle属性控制灯光阴影的柔和程度，数值越大，灯光阴影越柔和，数值越小，灯光阴影越生硬。Samples（采样率）设置为3，Samples属性控制灯光采样的强度，采样值越高，最终画面渲染品质越好，但同时也会增长渲染的时间，设置如图5-8所示。

Step03 为了照亮场景中的雕像模型，执行Arnold→Lights→SkyDomeLight（天穹光）命令，在天穹光的aiSkyDomeLightShape1选项的SkyDomeLight Attributes卷展栏下的Color（颜色）通道上链接本章提供的一张HDRI图像照明，设置Exposure（曝光度）为4，Resolution（分辨率）提高到5000，Samples（采样率）设置为3，取消勾选Cast Shadows（投射阴影），如图5-9所示。

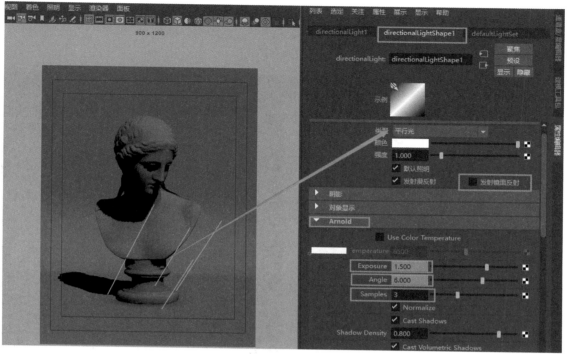

图5-8

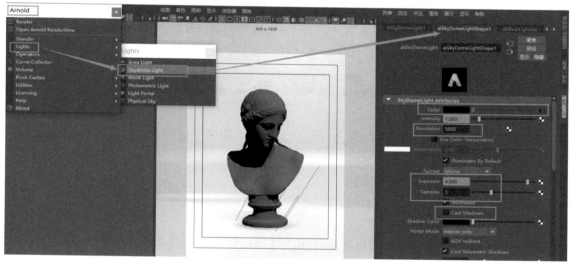

图5-9

　　简单来说，HDRI（高动态范围图像）是一种亮度范围非常广的图像，它的优点是可以准确存储自然界的光线强度，可以增加渲染的真实感。

　　HDRI图像照明的作用如下：

　　（1）充当灯光照明。

　　（2）充当反射环境和背景。

Step04 在视窗中执行"窗口"→"布局"→"两个窗格并列放置"命令，如图5-10所示。然后左面视窗中执行"窗口"→"透视"→camera1（摄影机1视角），切换到摄影机1视角，在"渲染视窗"中执行"渲染"→"渲染"→camera1（摄影机1视角）。

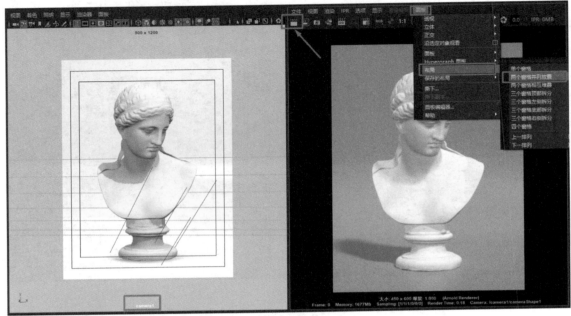

图5-10

5.4 材质设置

本案例中所涉及的材质设置主要有：金色铜材质、铜锈材质、青铜材质、地面材质。

5.4.1 金色铜材质设置

Step01 在"状态行"中单击Hypershade（材质编辑器）快捷图标，打开"材质编辑器"窗口，然后在其"材质工作区"中创建一个Arnold的aiStandardSurface（标准表面材质球），并将命名更改为Copper_Bronze，单击"预设"里的Copper（黄铜）材质，如图5-11所示。

Step02 在"大纲视图"中选择VNS_md（雕像模型），然后在"材质编辑器"的"材质工作区"中的Copper_Bronze材质球图标处右击，选择"材质指定给视口选择"命令，将材质指定给场景中的雕像模型，如图5-12所示。

Step03 在"渲染视图"中单击"渲染当前帧"图标，渲染如图5-13所示。

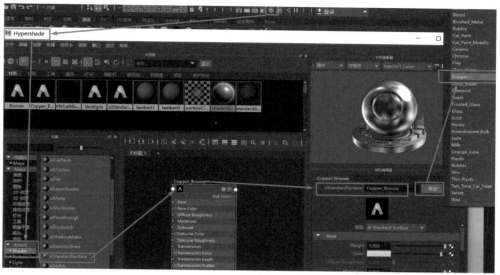

图5-11

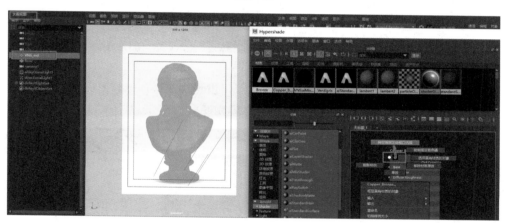

图5-12

图5-13

Step04 将本章提供的Copper_color（金铜颜色）和Scratch（划痕）2张贴图直接拖拽到"材质工作区"中，然后将Copper_color（金铜颜色）贴图鼠标中键直接拖给Copper_Bronze材质的Base卷展栏下的Color（颜色）属性，将Scratch（划痕）贴图鼠标中键直接拖给Copper_Bronze材质的Geometry（几何体）卷展栏下的Bump Mapping（凹凸贴图）选项，详细操作可参看视频教程，材质网络链接如图5-14所示。

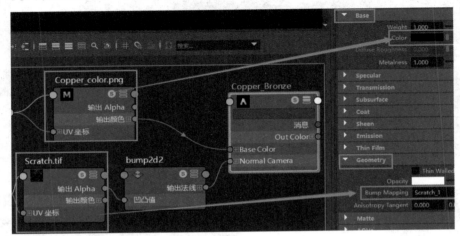

图5-14

Step05 在"材质工作区"中选择bump2d2节点，设置Bump Depth（（凹凸深度）为-0.3，在"渲染视图"中单击"渲染当前帧"图标，渲染如图5-15所示。

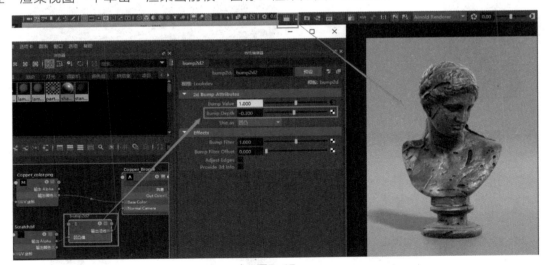

图5-15

5.4.2 青绿色铜锈材质设置

Step01 青绿色铜锈材质球创建同理金色铜材质，这里不再赘述，贴图链接内容稍微有些不同。将工程文件提供的Verdigris_albedo（铜锈颜色）、Verdigris_roughness（铜锈粗糙度）和

Verdigris_normal（铜锈法线）3张贴图直接拖拽到"材质工作区"中，然后将Verdigris_albedo（铜锈颜色）贴图的"输出颜色"属性链接到Verdigris材质的BaseColor（基础颜色）属性。将Verdigris_roughness（铜锈粗糙度）贴图的"输出颜色R"通道链接到Verdigris材质的Sepcular Roughness（镜面反射粗糙度）属性。按Tab键输入aiNormalMap（法线贴图）节点，将Verdigris_normal（铜锈法线）的"输出颜色"链接到aiNormalMap（法线贴图）节点的Input（输入）属性，然后将aiNormalMap（法线贴图）节点的OutValue属性链接到Verdigris材质的NormalCamera（摄影机法线）属性，材质网络链接如图5-16所示。详细操作可参看微课视频。

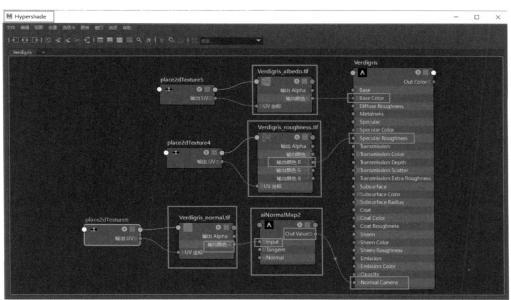

图5-17

5.4.3 青铜材质设置

打开"材质编辑器"，在"材质编辑器"中的"材质工作区"按Tab键输入aiMixShader，创建一个aiMixShader（混合材质节点）并修改命名为Bronze（青铜）材质，然后将Copper_Bronze（金铜）材质球的OutColor（输出颜色）链接到aiMixShader（混合材质节点）的Shader1属性，将Verdigris（铜锈）材质球的OutColor（输出颜色）链接到aiMixShader（混合材质节点）的Shader2属性，调整MixMode（混合模式）为add（相加），材质网络链接如图5-18所示。详细操作可参看视频教程。

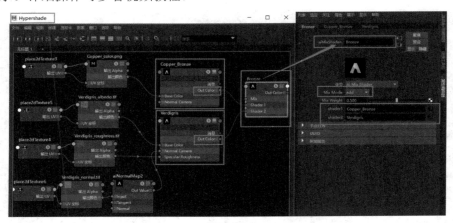

图5-18

5.4.4 地面材质设置

执行"窗口"→"渲染编辑器"→Hypershade（材质编辑器），打开"材质编辑器"窗口，然后在其"材质工作区"中创建一个Arnold的aiStandardSurface（标准表面材质球），并更改命名为Floor。在"大纲视图"中选择Floor（模型），然后在"材质工作区"的Floor材质球图标处右击，选择弹出的"将材质指定给视口选择"菜单，将Floor材质指定给场景Floor（模型），如图5-19所示。

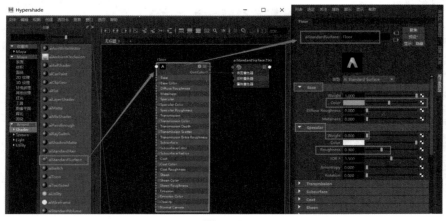

图5-19

5.5　渲染设置

Step01　初步测试渲染，打开"渲染设置"窗口，设置渲染器为Arnold Renderer，将Sampling（采样率）卷展栏的Camera（AA）（摄影机总采样）设置为1，Diffuse（漫反射）设置为1，Specular（镜面反射）设置为1，Transmission（透射）设置为0，SSS（次表面散射）设置为0，Volume Indirect（间接体积）设置为0，在"渲染视窗"中执行"渲染"→"渲染"→camera1（摄影机1视角），单击"渲染当前帧"图标，如图5-20所示。

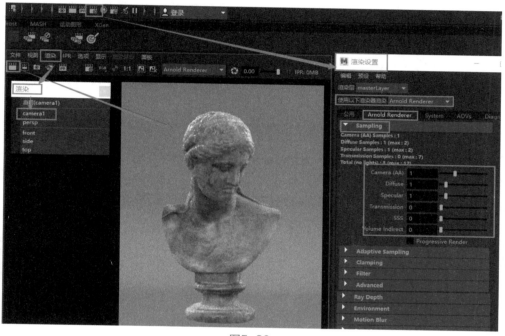

图5-20

> **技巧提示**
>
> 　　对于测试渲染，在渲染场景时使用默认"Camera（AA）"（摄影机总采样）设置1或3已足够。但是，对于最终渲染，需要将此采样值增加到5或以上，这样渲染效果最佳。

Step02　测试渲染后会发现画面中雕像没有阴影，首先要检查平行光的"投射阴影"选项是否勾选。在场景中选择平行光，按Ctrl+A组合键，打开平行光的directionalLightShape1属性下的Arnold卷展栏，勾选Cast Shadows（投射阴影）选项，如图5-21所示。

Step03　应用"关系编辑器"检查地面模型、雕像模型与灯光链接是否准确。默认情况，地面模型会接受场景中所有灯光的照明，这里需要设置地面模型只接受平行光的照明，让雕像在地面产生阴影。在"大纲视窗"中选择地面模型，执行"窗口"→"关系编辑器"→"灯光链接"→"以对象为中心"命令，在左侧"受照明对象"栏选择Floor（地面模型），右侧"光源"栏只链接directionalLight1，断开aiSkyDomeLight1链接，如图5-22所示。

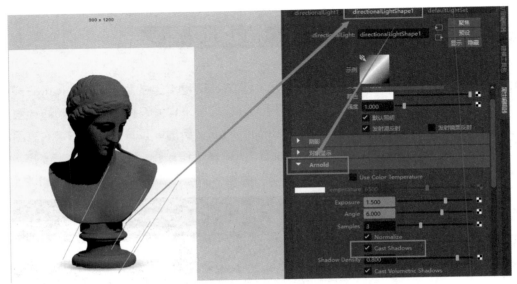

图5-21

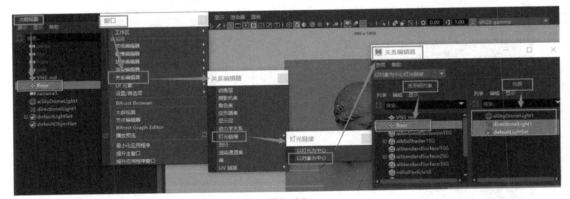

图5-22

Step04 在"大纲视窗"中选择VNS_md（雕像模型），执行"窗口"→"关系编辑器"→"灯光链接"→"以对象为中心"命令，在左侧"受照明对象"栏选择VNS_md（雕像模型），右侧"光源"栏链接directionalLight1和aiSkyDomeLight1，如图5-23所示。

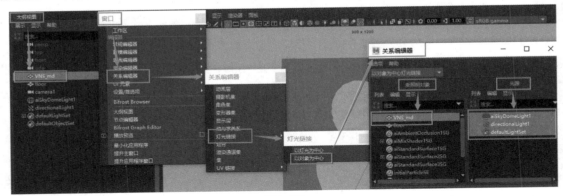

图5-23

以下是两种打开关系编辑器的方法：

（1）执行"窗口"→"关系编辑器"→"灯光链接"→"以对象为中心"命令。

（2）F6切换到渲染模块下，执行"照明/着色"→"灯光链接编辑器"→"以对象为中心"命令。

Step05 单击"渲染视窗"中的"渲染当前帧"图标，渲染如图5-24所示。此时雕像就会在地面产生阴影效果。

图5-24

Step06 测试渲染后会发现画面中雕像高光有些曝光过度，需要打开平行光的directionalLightShape1属性，将其Arnold 卷展栏下的Visibility（可见项）中的Specular（镜面反射）分别设置为1和0.05，渲染效果对比如图5-25所示。

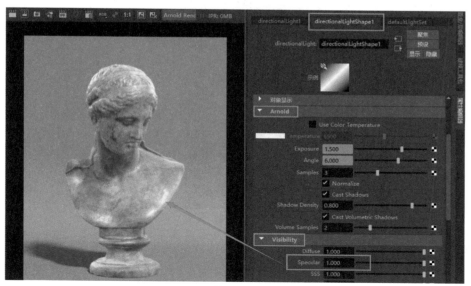

图5-25

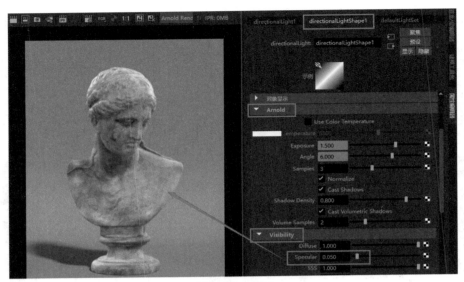

图5-25（续）

Step07 渲染图像会发现画面噪点比较多，为提高画面的渲染质量，打开"渲染设置"，提高"渲染设置"的"采样"和"自适应采样"，设置渲染器为Arnold Renderer，将Sampling（采样率）卷展栏的Camera（AA）（摄影机总采样）设置为3，Diffuse（漫反射）设置为2，Specular（镜面反射）设置为2，Transmission（透射）设置为0，SSS（次表面散射）设置为0，Volume Indirect（体积反弹）设置为0。在Adaptive Sampling（自适应采样）卷展栏勾选Enable，设置Max.Camera（AA）（最大摄影机采样）为50，Adaptive Threshold（自适应阈值）为0.03，单击"渲染视窗"中的"渲染当前帧"图标，渲染效果如图5-26所示。

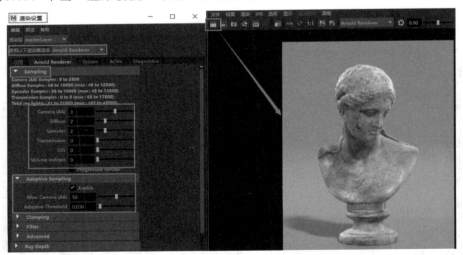

图5-26

技巧提示

　　对于测试渲染，通常可以将采样和自适应采样配合使用，这样既可以提高画面品质，又可以提高渲染速度，此功能非常实用。

Step08 青铜雕像渲染可以举一反三，下面是两种渲染的测试效果（见图5-27）。

图5-27

5.6 课后练习

（1）简述打开关系编辑器的几种方法。

（2）综合运用本章所学知识进行青铜雕像的调节与渲染练习。

（3）综合运用本章所学知识进行破损金色铜雕像的调节与渲染，参考渲染质感效果如图5-28所示。

（4）根据本章提供的青铜鼎参考图进行铜鼎模型的创建及青铜鼎材质的调节与渲染，如图5-29所示。制作思路：

● 综合应用Maya软件和ZBrush软件快速创建并雕刻铜鼎模型。

● 青铜鼎材质调节与渲染，要求表现出古朴典雅的青铜质感效果。

图5-28   图5-29

第6章　葡萄酒静物材质渲染案例

教学目标

- 掌握透明玻璃材质的调节与渲染
- 掌握葡萄材质的调节与渲染
- 掌握摄影棚的灯光布置方法
- 掌握产品渲染设置技巧

6.1　案例分析

视频讲解

　　本章以葡萄酒产品渲染为主题，葡萄酒产品渲染要求相对较高，葡萄酒玻璃质感表现对产品宣传至关重要，是吸引消费者的重中之重。葡萄酒静物场景主要以黑色为背景，配以水果果盘和高脚杯，整体设计高端大气。场景灯光采用摄影棚的布置方法，葡萄酒静物是一个相对比较复杂的产品渲染案例，场景渲染需要注意如何表现葡萄酒的轮廓和质感，如何表现玻璃的质感和酒水的颜色质感。

　　本章案例所涉及的主要学习内容包括：葡萄酒静物的材质与渲染，使用Arnold配合HDRI全局照明渲染出超写实质感玻璃和水果葡萄，效果如图6-1所示。本章材质设置学习主要包括：葡萄酒玻璃酒瓶材质、玻璃高脚杯材质、葡萄酒水材质、葡萄材质、盘子陶瓷材质、桌面木纹材质以及墙面材质的制作。重点掌握透明玻璃材质和次表面散射葡萄材质的调节与渲染，掌握摄影棚的灯光布置方法与渲染设置技巧。

图6-1

6.2　场景构建

Step01 打开场景模型文件，执行"文件"→"打开场景"命令，打开本章提供的场景文件Scene still_sc001，如图6-2所示。

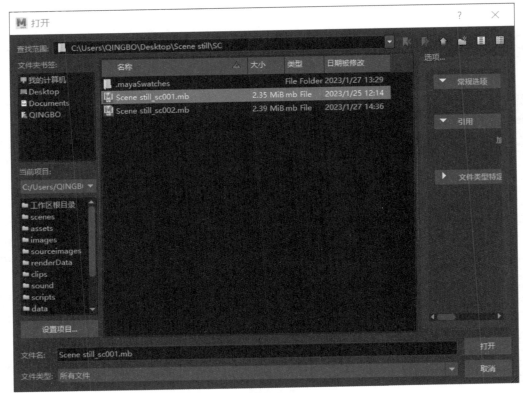

图6-2

Step02 执行"创建"→"摄影机"→"摄影机"命令，新建一台摄影机。然后在视图中，执行"窗口"→"透视"→camera1命令，切换到摄影机1视角，开启"分辨率门"图标、"安全动作框"图标、"安全标题框"图标，如图6-3所示。

图6-3

Step03　在"状态行"单击"显示渲染设置"图标，打开"渲染设置"窗口，"使用以下渲染器渲染"选择Arnold Renderer（Arnold渲染器），在"公用"属性的"图像大小"卷展栏，将宽度设置为900，高度设置为750，如图6-4所示。

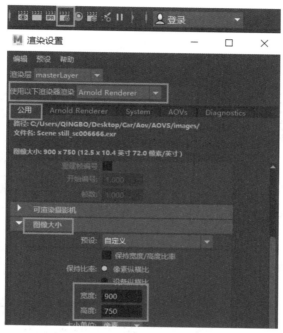

图6-4

Step04　在右侧"通道盒/层编辑器"中将摄影机"焦距"设置为50，确定画面构图后锁定摄影机，在右侧"通道盒/层编辑器"选择摄影机属性锁定摄影机属性，如图6-5所示。

图6-5

6.3　设置灯光

Step01 执行"创建"→"灯光"→"平行光"命令，为场景创建一盏平行光。然后执行
Arnold→Render命令，打开Arnold的交互式渲染器，如图6-6所示。

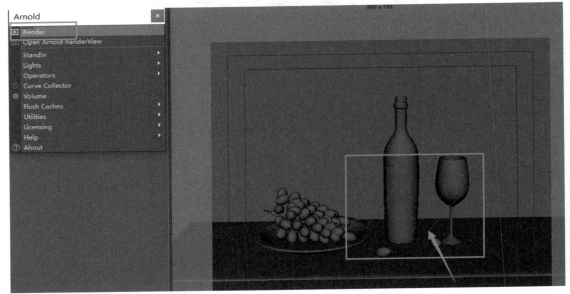

图6-6

Step02 旋转平行光，确定物体阴影的方向，并为其命名为Key（主光）。按Ctrl+A组合
键，打开平行光的属性，提高平行光的亮度，设置Exposure（曝光度）为0.5，Angle（角度）
为6，Samples（采样率）为3，如图6-7所示。

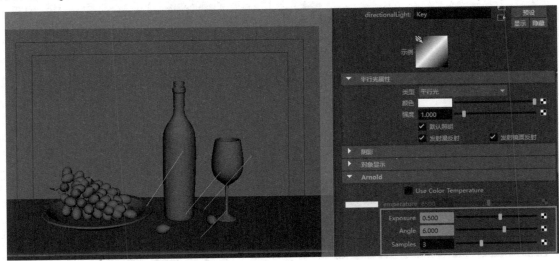

图6-7

Step03 执行Arnold→Lights→Area Light（区域光）命令，创建辅助灯光并为其命名为
Fill（辅光）。设置其Exposure（曝光度）为10，Samples（采样率）为3，取消勾选Cast
Shadows（投射阴影）选项，将灯光放置在场景的右侧位置，如图6-8所示。

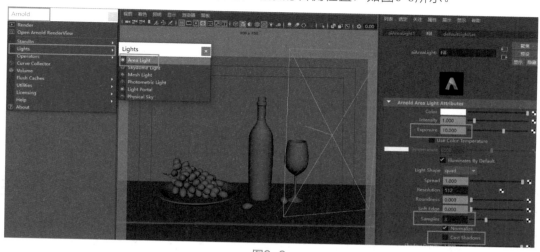

图6-8

Step04 再次复制辅助灯光，移动放置在场景的左侧位置，调整灯光Exposure（曝光）为
8，降低其灯光的亮度，取消勾选Cast Shadows（投射阴影）选项，如图6-9所示。

图6-9

灯光技巧

　　首先确定画面的主光源，然后添加辅助光源，逐步将场景中的物体一点点提亮，用以
确定画面的光影关系。特别是模拟玻璃效果需要单独添加辅助光源从背面去照亮玻璃模
型，增强突出玻璃的通透质感效果。

　　可以开启灯光的色温功能，将主光源的色温设置为暖色调（黄色），将辅助光源的色
温设置为冷色调（蓝色），让画面产生冷暖色调的变化。

6.4 材质设置

本案例场景中所涉及的材质设置主要有：玻璃材质、瓶贴材质、酒水材质、葡萄材质、陶瓷材质、木纹材质、墙面材质等。

6.4.1 玻璃酒瓶材质设置

Step01 选择酒瓶模型，右击在弹出的菜单中选择"指定新材质"，为其添加一个Arnold的aiStandardSurface（标准表面材质球），如图6-10所示。

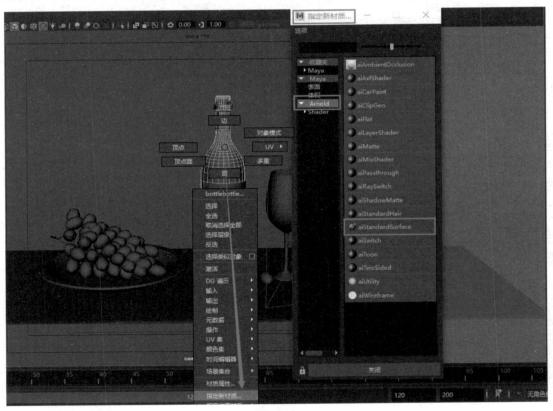

图6-10

Step02 单击aiStandardSurface1（标准表面材质球）为其命名为glass_black，然后在其"预设"选择Glass（玻璃材质），如图6-11所示。

Step03 默认玻璃"预设"渲染是白色透明玻璃，葡萄酒酒瓶是黑色玻璃效果，可以调整材质球的透射属性，设置Weight（透明权重）为0.529，Color（透明颜色）为深红色，Depth（深度）为7，Scatter（散射）为颜色提亮。开启Coat（镜面反射），设置Weight（透明权重）为1，IOR（折射率）为1.5，如图6-12所示。

图6-11

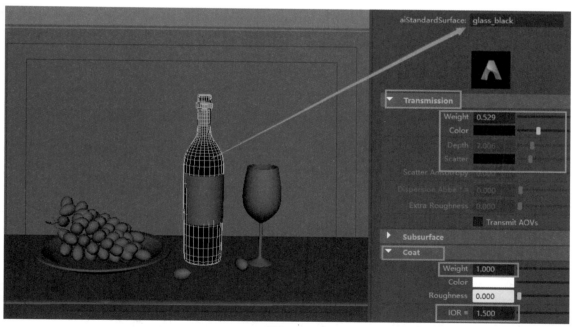

图6-12

Step04 在glass_black（玻璃材质）中的Geometry（几何体）卷展栏下勾选 Thin Walled（薄壁）选项，如图6-13所示。当物体的壁厚小于1mm时称为薄壁。

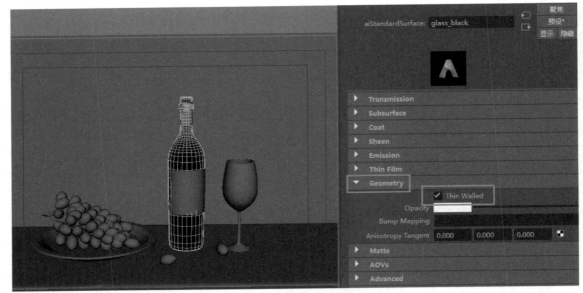

图6-13

6.4.2　玻璃瓶贴材质设置

Step01 选择瓶贴模型，右击在弹出的菜单中选择"指定新材质"，为其添加一个Arnold的aiStandardSurface（标准表面材质球），然后单击其"预设"选择Gold材质，调整为金属材质，将Metalness（金属度）设置为0.5，Roughness（粗糙度）设置为0.3，如图6-14所示。

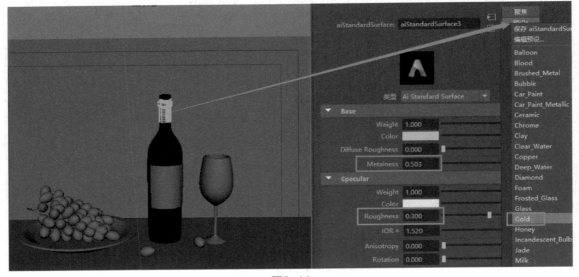

图6-14

Step02 选择瓶身标签模型，右击在弹出的菜单中选择"指定新材质"，为其添加一个
Arnold的aiStandardSurface标准表面材质球，更改材质球名称为Mark，在Color（颜色）属
性链接一张标签贴图，Roughness（粗糙度）设置为0.3，如图6-15所示。

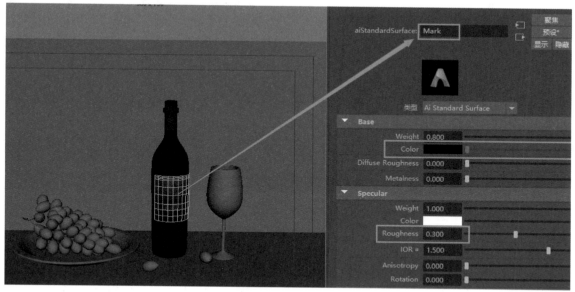

图6-15

Step03 在"材质编辑器"的"材质工作区"中单击"为选定对象上的材质制图"图
标，将瓶身标签模型材质网络加载到材质工作区中，然后在"材质工作区"里面选择
Place2dTexture纹理坐标，设置Rotate UV（旋转UV）为90°，如图6-16所示。

图6-16

6.4.3　玻璃高脚杯材质设置

Step01 选择高脚杯模型，右击在弹出的菜单中选择"指定新材质"，为其添加一个Arnold
的aiStandardSurface（标准表面材质球），更改材质球名称为glass_white，单击"预设"选
择Glass（玻璃）材质，开启Coat（镜面反射），设置Weight（权重）为1，如图6-17所示。

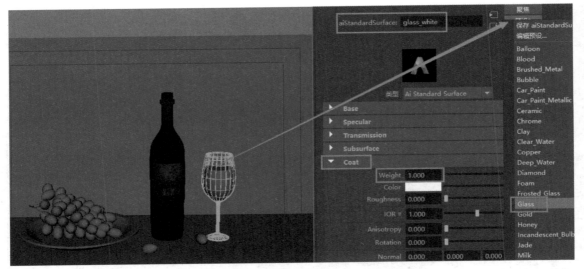

图6-17

Step02 选择高脚杯模型，在模型形态节点下的Arnold卷展栏中取消勾选Opaque（不透明）属性，如图6-18所示。

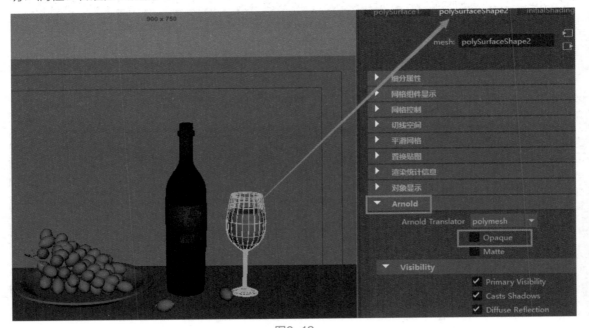

图6-18

6.4.4 葡萄酒水材质设置

Step01 选择葡萄酒水模型，在模型形态节点下，取消勾选Opaque（不透明）属性，如图6-19所示。

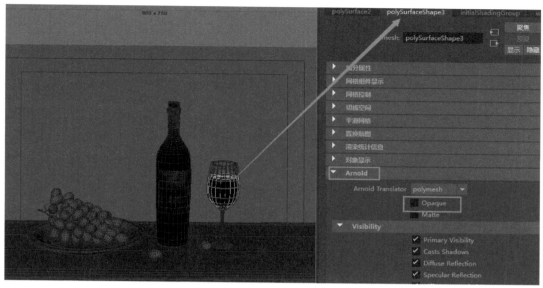

图6-19

Step02 选择葡萄酒水模型，右击在弹出的菜单中选择"指定新材质"，在弹出的指定新材质窗口为其添加一个Arnold的Shader下的aiStandardSurface（标准表面材质球），更改材质球名称为water，单击"预设"选择Clear_Water（清澈的水）材质，将Specular（镜面反射）卷展栏下的Color（镜面反射颜色）设置为深红色，Anisotropy（各向异性）设置为0.5。将Transmission（透射）卷展栏下的Color（透明颜色）设置为深红色，Depth（深度）设置为4.459，Scatter（散射）设置为微提亮一点，如图6-20所示。

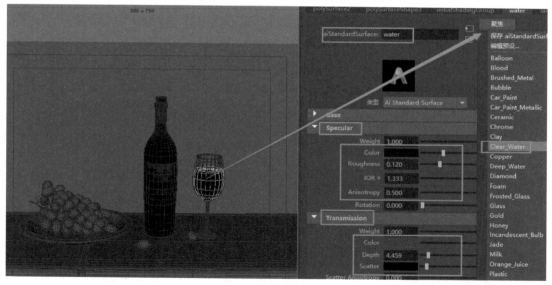

图6-20

Step03 在water材质球属性的Advanced（高级）卷展栏中勾选Caustics（焦散），如图6-21所示。

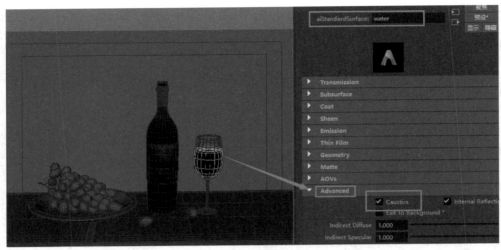

图6-21

注意

Arnold 渲染器是单向路径跟踪器，渲染出逼真焦散的成本很高，因为焦散效果会创建大量噪声，且需要渲染设置非常高的采样值，所以最终会导致渲染时间很长。建议可以对场景液体模型和玻璃模型设置AOVs分层渲染，以便后期合成进行微调焦散、增加色散效果等。

6.4.5 盘子陶瓷材质设置

选择盘子模型，右击在弹出的菜单中选择"指定新材质"，在弹出的指定新材质窗口为其添加一个Arnold的Shader下的aiStandardSurface（标准表面材质球），更改材质球名称为plate，单击"预设"选择Ceramic（陶瓷）材质，在材质球属性下开启Coat（镜面反射），设置Weight（透明权重）为1，如图6-22所示。

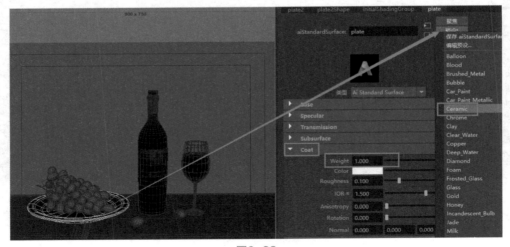

图6-22

6.4.6 　墙面材质设置

视频讲解

Step01 选择墙面模型，右击在弹出的菜单中选择"指定新材质"，然后在弹出的指定新材质窗口为其添加一个Arnold的Shader下的aiStandardSurface（标准表面材质球），更改材质球名称为wall，如图6-23所示。

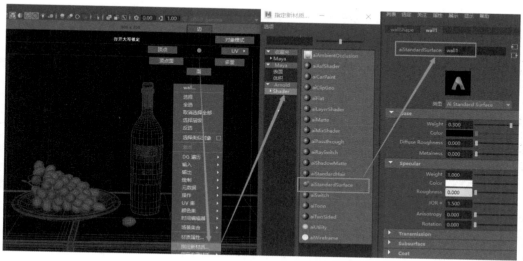

图6-23

Step02 在"状态行"单击"材质编辑器"快捷图标，快速打开"材质编辑器"窗口，在场景中选择墙面模型，加载墙面材质到"材质工作区"，将提供的3张墙面贴图素材直接拖拽到"材质编辑器"，然后分别链接到颜色贴图、粗糙度贴图、凹凸贴图通道上，材质网络链接如图6-24所示。详细操作请参看微课视频。

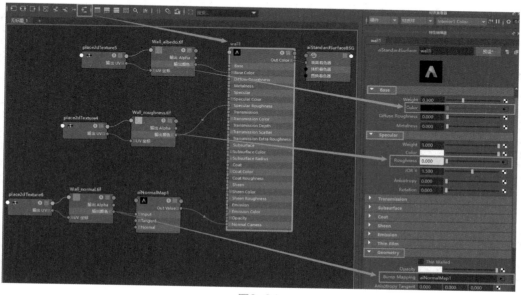

图6-24

6.4.7 桌面木纹材质设置

Step01 选择桌面模型，右击在弹出的菜单中选择"指定新材质"，在弹出的指定新材质窗口为其指定一个Arnold的Shader下的aiStandardSurface（标准表面材质球），更改材质球名称为wood1，如图6-25所示。

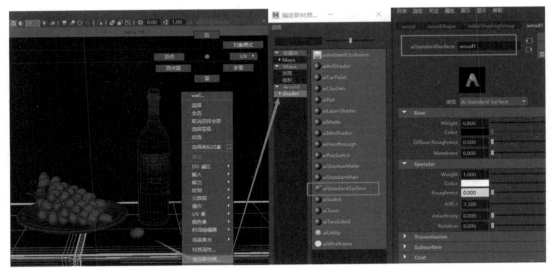

图6-25

Step02 通过"材质编辑器"快捷图标，快速打开"材质编辑器"窗口，在场景中选择桌面模型，加载wood1材质到"材质工作区"，然后将提供的3张木纹贴图素材分别链接到颜色贴图、粗糙度贴图、凹凸贴图通道上，如图6-26所示。详细操作请参看微课视频。

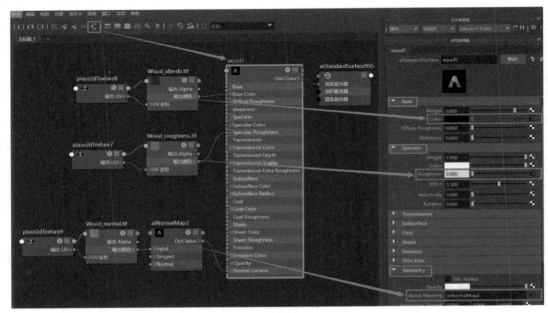

图6-26

6.4.8　葡萄材质设置

Step01　在场景中选择一个葡萄粒模型，按下小键盘的上箭头，可以快速选择到葡萄的模型组，然后右击在弹出的菜单中选择"指定新材质"，在弹出的指定新材质窗口为其添加一个Arnold的Shader下的aiStandardSurface（标准表面材质球），将材质球名称更改为grapes2，开启Subsurface（次表面散射），设置Weight（权重）为1，设置Radius（次表面散射半径）为深红色，设置Scale（次表面散射缩放）为5，如图6-27所示。

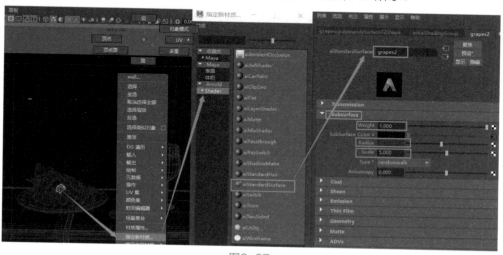

图6-27

Step02　Subsurface Color（次表面颜色）链接一个渐变纹理节点，渐变颜色编辑如图6-28所示。详细操作请参看微课视频。

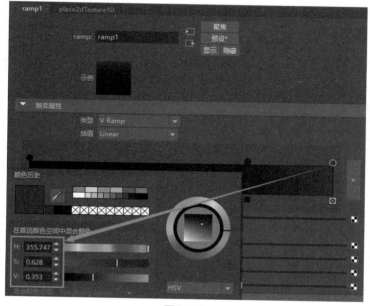

图6-28

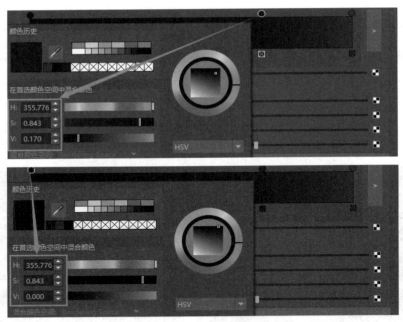

图6-28（续）

6.4.9 葡萄茎材质设置

Step01 选择到葡萄茎的模型，然后右击在弹出的菜单中选择"指定新材质"，为其添加一个Arnold的Shader下的aiStandardSurface（标准表面材质球），更改材质球名称为rape，开启Subsurface（次表面散射），设置Weight（权重）为1，设置Radius（次表面散射半径）为深绿色，设置Scale（次表面散射缩放）为3，如图6-29所示。

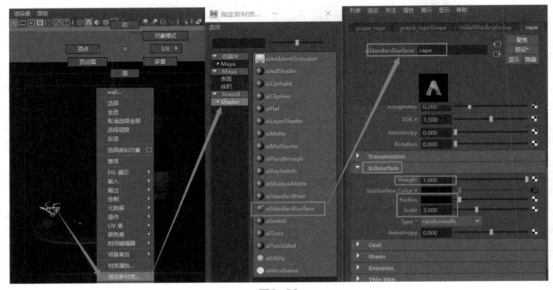

图6-29

Step02 Subsurface Color（次表面颜色）链接一个渐变纹理节点，渐变颜色编辑如图6-30所示。详细操作请参看微课视频。

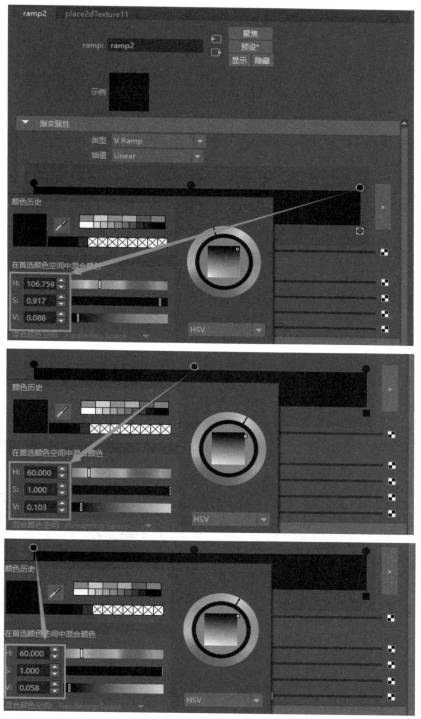

图6-30

6.5 优化设置

Step01 打开Hypershade（材质编辑器）窗口，选择酒瓶瓶身模型加载材质到"材质工作区"中，为了增加酒瓶的真实质感，可以为酒瓶瓶身材质在Coat Roughness（镜面反射粗糙度）属性上链接一张灰尘脏迹贴图，然后再新建一个aiRange1（范围）节点，通过范围节点调节灰尘贴图的明暗对比，范围节点参数调节如图6-31所示。

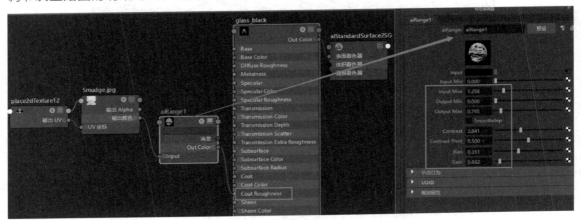

图6-31

Step02 在葡萄材质颜色属性上链接一个fractal1（分形）节点，为葡萄表面添加灰尘效果，调整分形节点参数，设置如图6-32所示。

图6-32

Step03 为增强画面的酒瓶和高脚杯玻璃质感效果，继续复制两盏辅助光源单独照亮酒瓶模型和高脚杯模型，将辅助光源的Light Shape（灯光形态）设置为quad（四边形灯光），Soft Edge（软边）设置为0.2，Samples（采样率）设置为3，取消勾选CastShadows（投射阴影），如图6-33所示。

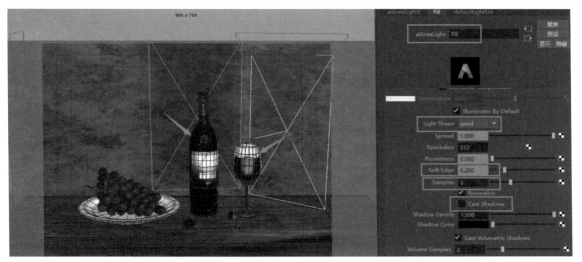

图6-33

Step04 为了让玻璃表面获得真实的颜色和丰富的镜面反射效果，执行Arnold→Lights→Skydome Light（天穹光）命令，为场景添加一个HDRI环境照明，现在整个场景整体偏亮，将环境球的Intensity（强度）降低为0.5，Resolution（分辨率）设置为3000，Samples（采样率）设置为3，如图6-34所示。注意：选择环境球并旋转，可以让玻璃酒瓶和高脚杯上的反射效果随着环境球的变化而变化。

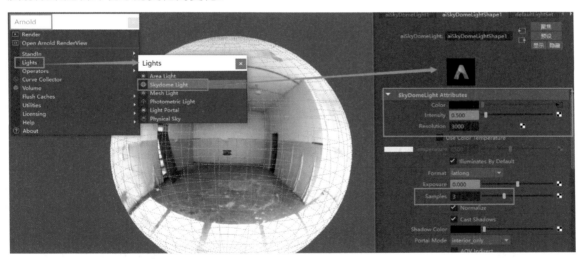

图6-34

Step05 为突出画面的明暗层次关系，为场景添加两块遮光板，新建两个立方体模型，为其赋予一个Lambert材质球，然后调整材质球，提高透明属性并降低颜色属性，一块遮光板放在背景墙顶部，一块遮光板放在木板桌面前面位置处，如图6-35所示。详细操作请参看微课视频。

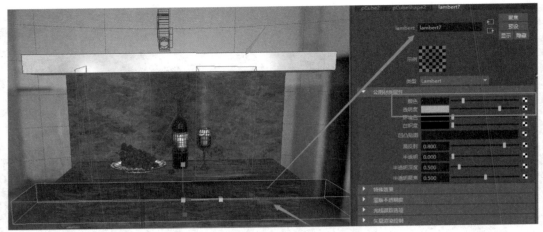

图6-35

6.6 渲染设置

Step01 初步测试渲染，打开"渲染设置"窗口，设置渲染器为Arnold Renderer（Arnold渲染器）。将Sampling（采样率）卷展栏的Camera（AA）（摄影机总采样）设置为1，Diffuse（漫反射）设置为1，Specular（镜面反射）设置为1，Transmission（透射）设置为1，SSS（次表面散射）设置为1，Volume Indirect（间接体积散射）设置为0，在"渲染视窗"中执行"渲染"→"渲染"→camera1（摄影机1视角），渲染效果如图6-36所示。

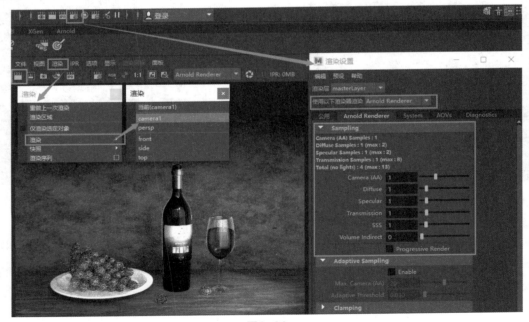

图6-36

Step02 此时渲染后会发现画面酒瓶瓶贴金属材质和瓶身标签材质有些曝光过度，如图6-37所示。因为酒瓶瓶贴金属材质和瓶身标签材质默认情况下会接受场景中所有灯光的照明，所以模型表面会曝光过度。

图6-37

Step03 选择瓶身标签模型进行灯光断开设置，执行"窗口"菜单"关系编辑器"下"灯光链接"选项下的"以对象为中心"命令，在左侧受照明对象栏选择label瓶身标签模型，右侧光源栏只链接aiAreaLight1，其他光源断开其链接，然后单击渲染当前帧图标，渲染效果如图6-38所示。酒瓶瓶贴金属材质设置同理，这里不再赘述。

图6-38

Step04 此时渲染后会发现画面噪点比较多，为提高画面的渲染质量，打开"渲染设置"窗口，提高渲染设置的采样和光线深度选项，设置渲染器为Arnold Renderer（Arnold 渲染器）。将Sampling（采样率）卷展栏的Camera（AA）（摄影机总采样）设置为5，Diffuse（漫反射）设置为3，Specular（镜面反射）设置为2，Transmission（透射）设置为3，SSS（次表面散射）设置为3，Volume Indirect（体积反弹）设置为0，将Ray Depth（光线深度）卷展栏的Diffuse（漫反射）设置为2，Specular（镜面反射）设置为2，Transmission（透射）设置为12，单击"渲染视窗"中的"渲染当前帧"图标，渲染效果如图6-39所示。

图6-39

技巧提示

　　增加Camera（AA）（摄影机总采样）不仅减少了画面的锯齿噪点，而且还添加了更多的次光线采样，减少了照明中的噪点。摄影机总采样数越多，画面抗锯齿质量就越高，但同时渲染时间也越长。对于测试渲染，渲染场景时使用Camera（AA）（摄影机总采样）默认设置数值3已足够。但是，对于最终渲染，通常需要将此值增加到5或以上。

Step05 葡萄酒静物场景最终渲染效果如图6-1所示。

6.7 课后练习

（1）综合运用本章所学知识进行葡萄酒静物的调节与渲染练习。

（2）根据本章提供的静物场景参考图进行葡萄静物模型创建及葡萄静物场景材质调节与

渲染练习，渲染参考效果如图6-40所示。制作思路：

● 葡萄静物模型的创建。

● 葡萄静物模型材质质感的调节与渲染。

图6-40

（3）根据本章提供的葡萄酒产品参考图进行场景模型创建及场景材质调节与渲染，渲染参考效果如图6-41所示。制作思路：

● 葡萄酒场景模型的创建。

● 葡萄酒场景材质质感的调节与渲染。

图6-41

第7章　国画水墨荷花材质渲染案例

教学目标

- 掌握水墨荷叶材质的调节与渲染
- 掌握彩墨荷花材质的调节与渲染
- 掌握天穹灯光的应用方法

- 掌握水墨材质渲染设置技巧
- 掌握水墨荷花PS图像合成技巧

7.1　水墨画介绍

视频讲解

　　水墨画就是用毛笔蘸着墨和水描绘在宣纸上的一种绘画形式。水墨画也称国画，中国画，它被视为中国传统绘画，也是国画的代表。水墨画是中国美术史的独特产物，从新石器时代的彩陶墨绘，到战国时期的帛画线描，再到晋唐宋元异彩纷呈的屏扇卷轴，可以看到中国水墨画的启蒙发展和成熟的清晰轨迹，如图7-1所示。

图7-1

　　基础的水墨画，仅有水与墨，黑与白色两种颜色，进阶的水墨画，色彩缤纷，通常称它为彩墨画。彩墨画在中国画里，以水墨画为基底，在其上敷色、点彩，使画面较之水墨画在色彩上更为丰富、明快、鲜亮。

　　中国水墨画的特点是：近处写实，远处抽象，色彩微妙，意境丰富。水墨画是中国本土所特有的、具有历史传承与深厚文化积淀的一门精深的东方艺术。随着时代的发展，水墨艺术呈现出多元化的趋势，既有尊重传统笔墨技艺的传统型水墨画，又有大胆创新和勇于突破的现代彩墨画，它们的发展让我国的水墨画艺术焕发出了新的生机，促进了我国传统水墨画的繁荣与兴盛。

图7-2

本章案例是一幅以荷花为主题的水墨画，写意水墨荷花的创作缺少不了墨色的浓淡与虚实变化。近处荷叶以浓墨表现为主，远处荷叶以淡墨表现为主，浓淡结合，虚实相生。画面以彩墨荷花为主来突出画面的透亮表现，彩墨荷花主要靠墨色的运用来产生画面的点彩美感，让画面前后层次变化，韵味无穷，如图7-2所示。

7.2 场景构建

Step01 打开场景模型文件，执行"文件"→"打开场景"命令，打开本章提供的工程文件Chinese ink painting_sc001.mb，如图7-3所示。

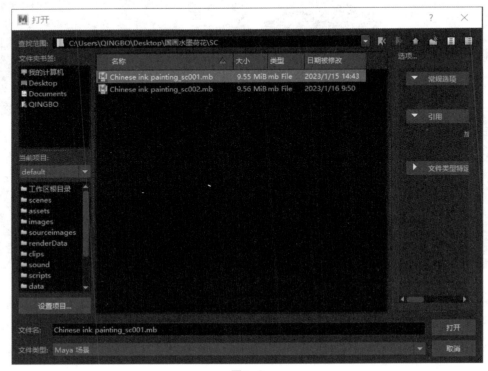

图7-3

Step02 执行"创建"→"摄影机"→"摄影机"命令，创建一台新摄影机，然后在视窗中执行"窗口"→"透视"→camera2切换到摄影机2视角，调整画面构图，开启"分辨率门"图标、"安全动作框"图标、"安全标题框"图标，将摄影机"焦距"设置为75，如图7-4所示。

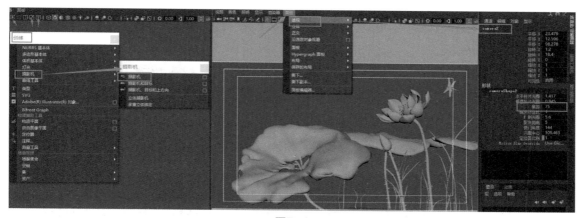

图7-4

Step03 确定摄影机镜头画面后，在右侧"通道盒/层编辑器"中鼠标左键选择camera2的摄影机基本属性，然后再右击，在弹出的菜单中选择"锁定选定项"命令，如图7-5所示，其主要作用是将设置好的摄影机进行锁定操作。

图7-5

7.3 灯光设置

Step01 初步测试渲染，打开"渲染设置"窗口，设置渲染器为Arnold Renderer（Arnold渲染器），单击"渲染视窗"中的"渲染当前帧"图标，渲染完成后场景一片漆黑，因此需要为场景创建灯光进行照明，如图7-6所示。

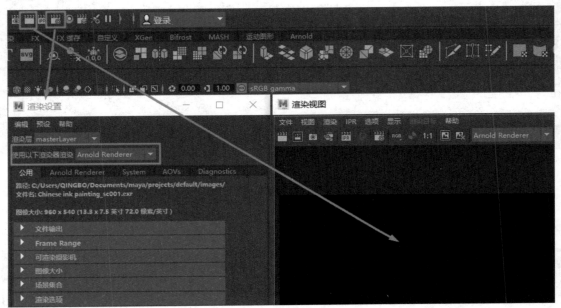

图7-6

Step02 执行Arnold→Lights→Skydome Light（天穹光）命令，为场景添加一个天空环境照明，单击"渲染视窗"中的"渲染当前帧"图标，渲染如图7-7所示。

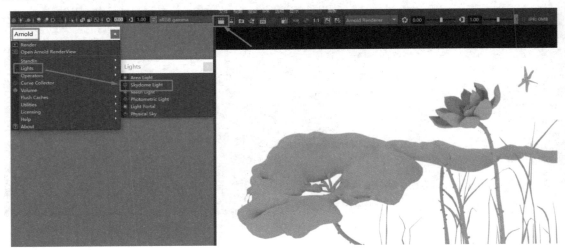

图7-7

7.4　材质设置

本案例场景中所涉及的材质设置主要有：荷叶材质、荷花材质、莲蓬材质、蜻蜓材质。

7.4.1　荷叶材质设置

在Hypershade（材质编辑器）中新建aiToon1（卡通材质1）和ramp1（渐变纹理1），在"大纲视图"中选择场景所有的模型为其指定aiToon1（卡通材质1），在aiToon1（卡通材质1）的Base Tonemap（卡通贴图）节点上链接ramp1（渐变纹理1），编辑渐变颜色为白色、黑色，如图7-8所示。

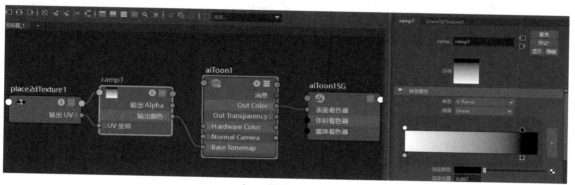

图7-8

7.4.2　荷花茎材质设置

为了区分画面中的水墨浓淡，在Hypershade（材质编辑器）中再次新建aiToon2（卡通材质2），在"大纲视图"中选择场景中荷花茎模型为其指定aiToon2（卡通材质2），然后将aiToon2（卡通材质2）下Base卷展栏中的Color（颜色）调整为黑色，如图7-9所示。

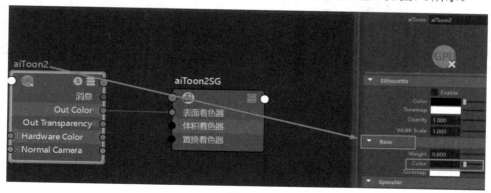

图7-9

149

7.4.3 荷花花瓣材质设置

在Hypershade（材质编辑器）中新建aiToon3（卡通材质3）和ramp2（渐变纹理2），在"大纲视图"中选择荷花花瓣的模型组，或者在场景中选择荷花花瓣模型指定新的aiToon3（卡通材质3），然后在aiToon3（卡通材质3）中Base卷展栏的Color（颜色）节点上链接ramp2（渐变纹理2），渐变属性卷展栏下"类型"修改为Circular Ramp（圆形渐变），在渐变颜色条上编辑渐变颜色依次为白色、浅粉色、粉红色、浅粉色，调整如图7-10所示。

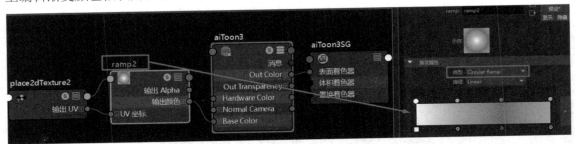

图7-10

7.4.4 荷花莲蓬材质设置

Step01 在Hypershade（材质编辑器）中新建aiToon4（卡通材质4），然后到场景中选择荷花莲蓬模型右击指定新的aiToon4（卡通材质4），然后将aiToon4（卡通材质4）下Base卷展栏中的Color（颜色）调整为绿色，调整如图7-11所示。

图7-11

Step02 在Hypershade（材质编辑器）中新建aiToon5（卡通材质5），到场景中选择荷花花蕊模型和莲蓬种子模型，右击指定新的aiToon5（卡通材质5），然后将aiToon5（卡通材质5）下Base卷展栏中的Color（颜色）调整为黄色，调整如图7-12所示。为提高花蕊的颜色，可以将aiToon5（卡通材质5）下Edge（边）卷展栏中的Edge Color（边颜色）也调整为黄色。

图7-12

Step03 经过测试渲染发现，画面中莲蓬种子的渲染颜色有些是黑色的，如图7-13所示。

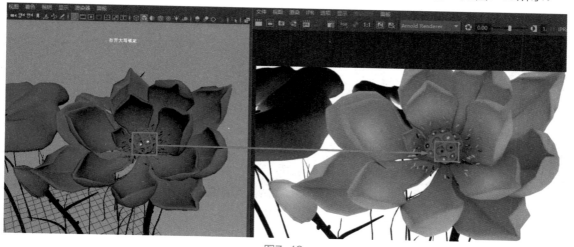

图7-13

Step04 模型渲染为黑色的原因是模型的法线反向了，解决方案就是选择渲染黑色的模型，切换到建模模块，执行"网格显示"→"反向"命令。再次渲染会发现渲染结果正常了，如图7-14所示。

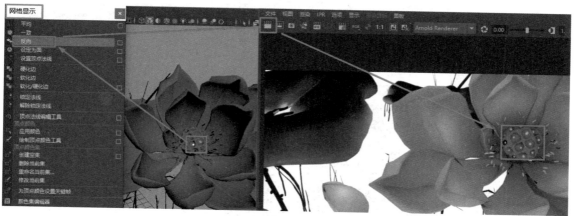

图7-14

技巧提示

　　模型渲染之前一定要先检查确保模型的面法线朝向正确，如果模型法线朝向不正确，需要选择模型通过法线反向命令进行修正，这样使用Arnold渲染器渲染效果才会正常。

7.4.5　蜻蜓身体材质设置

Step01　蜻蜓身体模型材质编辑可以借用荷花花瓣的材质，执行"窗口"→"渲染编辑器"→Hypershade（材质编辑器）。在"材质编辑器"中首先单击"清理"图标，然后在场景中选择荷花的任意一个花瓣模型，再单击"为选定对象的材质制图"图标，将荷花花瓣材质加载到"材质编辑工作区"中，调整如图7-15所示。

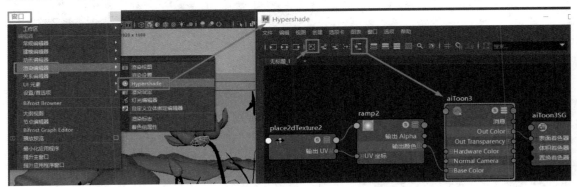

图7-15

Step02　选择荷花花瓣的材质，在"材质编辑器"中执行"编辑"→"复制"→"着色网络"，如图7-16所示。

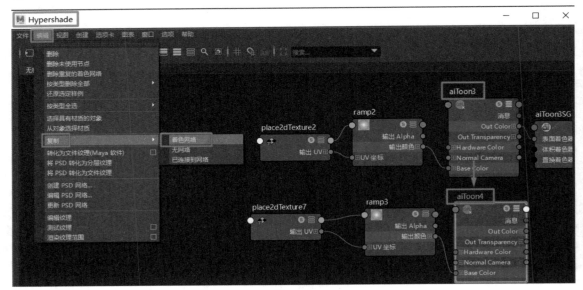

图7-16

Step03 然后在复制的着色网络基础上修改ramp3（渐变纹理3）的颜色，将渐变条上的粉红色修改为红色，最后将编辑好的aiToon6（卡通材质6）指定给场景中的蜻蜓身体模型，如图7-17所示。

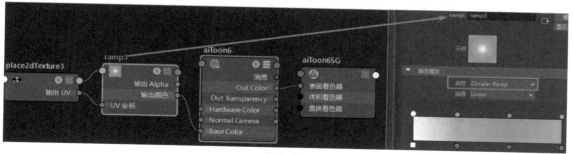

图7-17

Step04 在"渲染视窗"窗口中执行"渲染"→"渲染"→camera1（摄影机1视角），切换到摄影机1视角，然后单击"渲染视图"中的"渲染当前帧"图标，渲染如图7-18所示。

图7-18

Step05 同理，通过此方法可以快速调整画面水墨的深浅变化，这里不再赘述，详细操作请参看微课视频。

7.4.6 蜻蜓翅膀材质设置

选择蜻蜓身体的材质，在"材质编辑器"中执行"编辑"→"复制"→"着色网络"，然后在复制的着色网络基础上修改ramp6（渐变纹理6）的颜色，将渐变条上的红色修改为深灰色，最后将编辑好的aiToon10（卡通材质10）指定给场景中的蜻蜓翅膀模型，如图7-19所示。

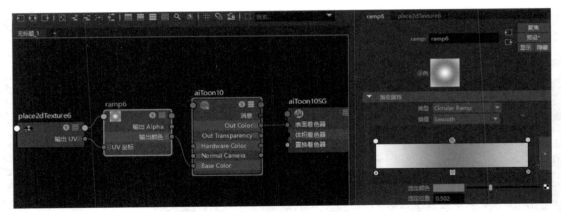

图7-19

7.5 渲染设置

Step01 提高图像的渲染精度，打开"渲染设置"窗口，提高渲染设置的采样和光线深度选项，设置渲染器为Arnold Renderer（Arnold 渲染器）。将"渲染设置"的Arnold Renderer属性的Sampling（采样率）卷展栏下的Camera（AA）（摄影机总采样）设置为5，Diffuse（漫反射）设置为3，如图7-20所示。将"公用"属性的"图像大小"卷展栏下的"预设"设置为HD_1080，单击"渲染视图"中的"渲染当前帧"图标。

图7-20

Step02 在"渲染视图"中执行"文件"→"保存图像"命令，"保存模式"选择"已管理颜色的图像-视图变换已嵌入"，单击"应用"按钮，如图7-21所示。

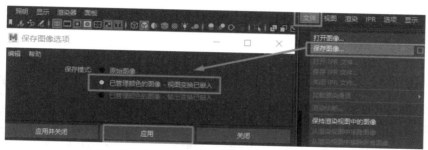

图7-21

Step03 在"渲染视图"中再次单击"文件"菜单下的"保存图像"命令，将图像文件名命名为Color，"文件类型"选择Targa图像格式，单击"保存"按钮，如图7-22所示。

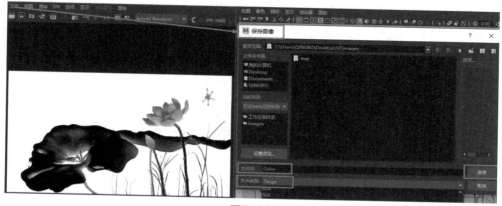

图7-22

7.6　图像合成

Step01 为了方便进行抠像合成，选择场景中的模型为其指定一个新的SurfaceShader表面材质，渲染就会得到背景为白色，模型为黑色的图像，如图7-23所示。执行"保存图像"命令，命名为Mask，文件类型选择Targa图像格式，单击"保存"按钮。

图7-23

Step02 打开PS软件，执行"文件"→"新建"命令，选择HDTV 1080p，单击"创建"按钮，新建一个文档，如图7-24所示。

图7-24

Step03 按Shift键将本章提供的水墨背景宣纸素材拖拽到PS软件中，如图7-25所示。

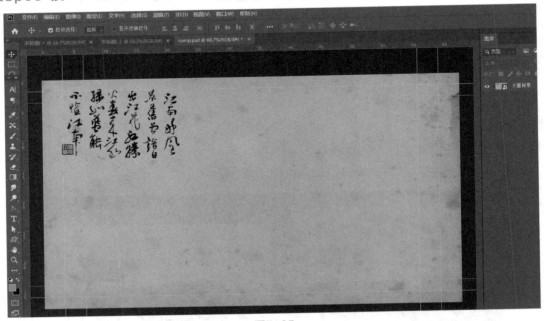

图7-25

Step04 然后按Shift键将渲染完成的水墨荷花的Color（颜色层）拖拽到PS软件中，如图7-26所示。

图7-26

Step05 最后按Shift键将渲染完成的水墨荷花的Mask（遮罩层）拖拽到PS软件中，如图7-27所示。

图7-27

Step06 接下来通过水墨荷花的Mask（遮罩层）把水墨荷花的Color（颜色层）抠像出来，然后叠加到背景宣纸上。在PS软件中选择Mask（遮罩层），执行"选择"→"色彩范围"命令，勾选"选择范围"选项，用"色彩范围"中的吸管吸取黑色，单击"确定"按钮，如图7-28所示。

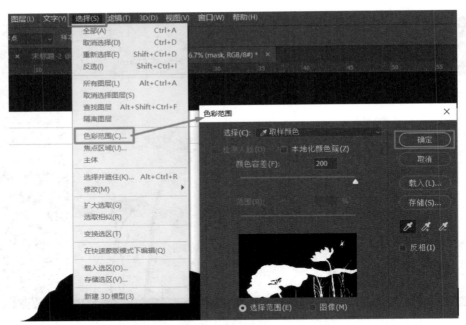

图7-28

Step07 此时Mask（遮罩层）选取被选择，然后单击选择Color（颜色层），按Ctrl+J组合键，复制得到带有透明通道的颜色图层1，如图7-29所示。

图7-29

Step08 将颜色图层1命名为颜色层，选择颜色层，且将其"图层混合模式"修改为"正片叠底"，如图7-30所示。

Step09 选择颜色层，按Ctrl+J组合键，再复制一层，然后将图层的不透明度调整为29%，如图7-31所示。

图7-30

图7-31

Step10 继续选择颜色层，按Ctrl+M组合键，通过调整曲线，提高画面整体颜色的明暗对比，最后执行"文件"→"存储为"命令，保存水墨荷花合成效果图，如图7-2所示。

7.7 课后练习

（1）综合运用本章所学知识进行国画水墨荷花的材质调节与渲染练习。

（2）根据本章提供的国画牡丹参考图进行牡丹模型创建及国画牡丹彩墨材质调节与渲

染，参考效果如图7-32所示。制作思路：

● 牡丹模型的创建。

● 牡丹彩墨材质质感的渲染与合成。

图7-32

第8章　汽车材质渲染案例

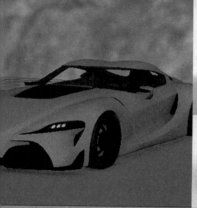

视频讲解

教学目标

- 掌握汽车材质的调节
- 掌握汽车材质的渲染
- 掌握场景灯光设置方法

- 掌握IPR交互式渲染器应用
- 掌握AOVs多通道分层渲染
- 掌握PS图像合成技巧

8.1　案例分析

本章学习汽车材质的调节与渲染，使用Arnold AOVs多通道分层渲染配合PS图像合成渲染出超写实质感汽车效果，如图8-1所示。

图8-1

本章学习的材质主要包括：汽车车漆材质、铬合金材质、汽车玻璃材质、塑料材质、轮胎橡胶材质以及车灯发光材质的制作。重点掌握汽车材质的调节与渲染和AOVs多通道分层渲染的方法，掌握PS图像合成技巧。

8.2　场景构建

Step01 打开汽车场景模型文件，执行"文件"→"打开场景"命令，打开本章提供的汽车场景文件Car_sc001，如图8-2所示。

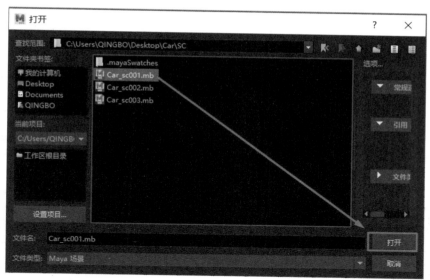

图8-2

Step02 根据汽车材质的不同，在"大纲视图"中将汽车模型进行分组且重新命名，如图8-3所示。如何分组这里不再赘述，详细操作请参看微课视频。

图8-3

Step03 为汽车创建地面背景，创建一个多边形圆柱体，"半径"设置为4，"高度"设置为0.2，"轴向细分数"设置为40，如图8-4所示。然后选择圆柱体的上下两圈环形边，按Shift键+鼠标右键，在弹出的菜单中选择"倒角边"命令，在弹出的polyBevel1窗口中设置"分数"为0.3，设置"分段"为2，最后为地面模型命名为floor。

Step04 在"大纲视图"中选择车模型和地面模型，按W键将其移动到网格上面，如图8-5所示。

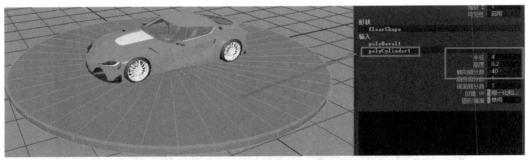

图8-4

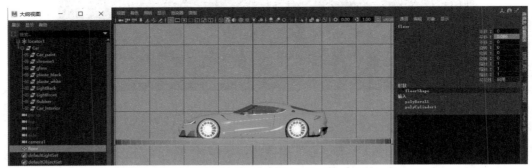

图8-5

Step05 执行"创建"→"摄影机"→"摄影机"命令，为场景创建一台摄影机，并执行"窗口"→"透视"→camera1切换到摄影机1视角，如图8-6所示。

图8-6

Step06 选择camera1，在右侧的"通道盒/层编辑器"中设置摄影机"焦距"为50，在视图中开启"分辨率门"图标、"安全动作框"图标、"安全标题框"图标，确定画面构图后锁定摄影机，在视图中选择"锁定摄影机"图标进行锁定摄影机，如图8-7所示。

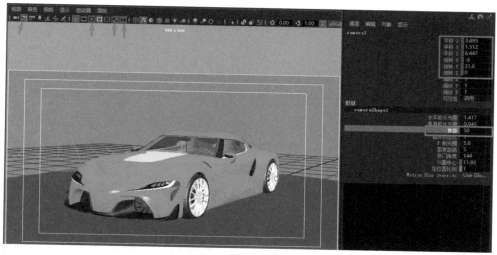

图8-7

8.3 材质设置

视频讲解

本案例中所涉及的材质设置主要有：车漆材质、铬金属材质、汽车玻璃材质、塑料材质、车灯材质、橡胶材质、车内饰材质。

8.3.1 汽车车漆材质设置

在"状态行"中单击"材质编辑器"图标，快速打开"材质编辑器"窗口，在"材质编辑器"中创建一个Arnold的aiCarPaint（车漆材质），在"大纲视图"中选择车漆材质模型，然后在"材质编辑器"的"材质工作区"中的aiCarPaint（车漆材质）图标处右击，选择弹出的"将材质指定给视口选择"菜单，将车漆材质指定给场景车漆模型，如图8-8所示。

图8-8

8.3.2　铬材质设置

在"材质编辑器"的"材质工作区"上方单击"清除图表"按钮，将"材质工作区"里的材质节点网络清除。然后单击创建Arnold的aiStandardSurface（标准表面材质球），更改材质球名称为chrome2，单击"预设"选择Chrome（铬合金材质），在"大纲视图"中选择铬合金材质模型，然后在"材质编辑器"的"材质工作区"中的chrome2（铬合金材质）图标处右击，选择弹出的"将材质指定给视口选择"菜单，将铬合金材质指定给场景铬合金模型，如图8-9所示。

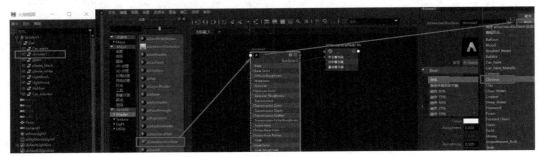

图8-9

8.3.3　汽车玻璃材质设置

在"材质编辑器"的"材质工作区"上方单击"清除图表"按钮，将"材质工作区"里的材质节点网络清除。单击创建一个Arnold的aiStandardSurface（标准表面材质球），更改材质球名称为glass1，单击"预设"选择Glass（玻璃材质），在"大纲视图"中选择玻璃材质模型，然后在"材质编辑器"的"材质工作区"中的glass1（玻璃材质）图标处右击，选择弹出的"将材质指定给视口选择"菜单，将玻璃材质指定给场景玻璃模型，如图8-10所示。

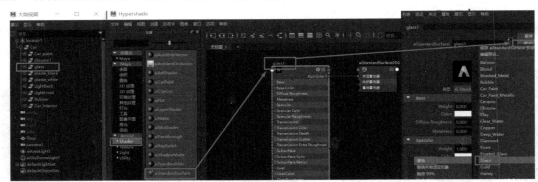

图8-10

8.3.4　黑塑料材质设置

在"材质编辑器"的"材质工作区"上方单击"清除图表"按钮，将"材质工作区"里的材质节点网络清除。单击创建一个Arnold的aiStandardSurface（标准表面材质球），更改材质球名称为plaste_black1，单击"预设"选择Plastic（塑料材质），在"大纲视图"中选择黑塑料材质模型，然后在"材质编辑器"的"材质工作区"中的plaste_black1（黑塑料材质）图标处右击，选择弹出的"将材质指定给视口选择"菜单，将黑塑料材质指定给场景黑塑料模型，如图8-11所示。

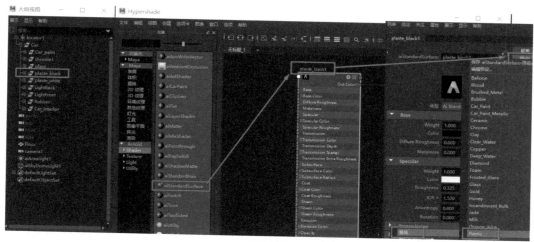

图8-11

8.3.5　白塑料材质设置

在"材质编辑器"的"材质工作区"上方单击"清除图表"按钮，将"材质工作区"里的材质节点网络清除。单击创建一个Arnold的aiStandardSurface（标准表面材质球），更改材质球名称为plaste_white1，单击"预设"选择Plastic（塑料材质），在"大纲视图"中选择白塑料材质模型，然后在"材质编辑器"的"材质工作区"中的plaste_white1（白塑料材质）图标处右击，选择弹出的"将材质指定给视口选择"菜单，将白塑料材质指定给场景白塑料模型，如图8-12所示。

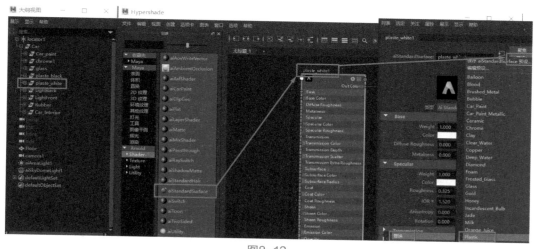

图8-12

8.3.6　后车灯材质设置

在"材质编辑器"的"材质工作区"上方单击"清除图表"按钮，将"材质工作区"里的材质节点网络清除。单击创建一个Arnold的aiStandardSurface（标准表面材质球），更改材质球名称为LightBack1，在"大纲视图"中选择后车灯材质模型，然后在"材质编辑器"的"材质工作区"中的LightBack1（后车灯材质）图标处右击，选择弹出的"将材质指定给视口选择"菜单，将后车灯材质指定给场景后车灯模型，如图8-13所示。

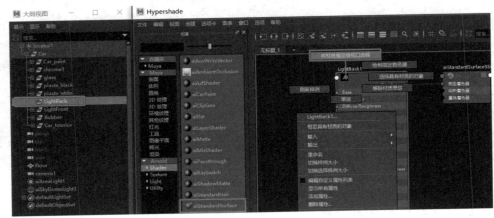

图8-13

8.3.7　前车灯材质设置

在"材质编辑器"的"材质工作区"上方单击"清除图表"按钮，将"材质工作区"里的材质节点网络清除。单击创建一个Arnold的aiStandardSurface（标准表面材质球），更改材质球名称为LightFront1，在"大纲视图"中选择前车灯材质模型，然后在"材质编辑器"的"材质工作区"中的LightFront1（前车灯材质）图标处右击，选择弹出的"将材质指定给视口选择"菜单，将前车灯材质指定给场景前车灯模型，如图8-14所示。

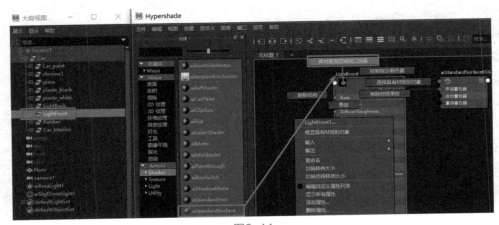

图8-14

8.3.8 车轮胎橡胶材质设置

在"材质编辑器"的"材质工作区"上方单击"清除图表"按钮，将"材质工作区"里的材质节点网络清除。单击创建一个Arnold的aiStandardSurface（标准表面材质球），更改材质球名称为Rubber1，单击"预设"选择Rubber（橡胶材质），在"大纲视图"中选择车轮胎橡胶材质模型，然后在"材质编辑器"的"材质工作区"中的Rubber1（橡胶材质）图标处右击，选择弹出的"将材质指定给视口选择"菜单，将橡胶材质指定给场景橡胶模型，如图8-15所示。

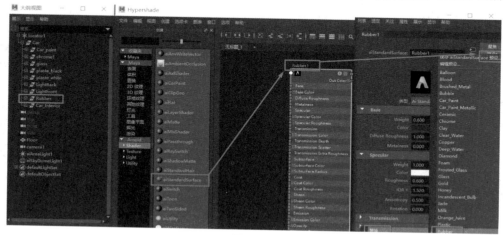

图8-15

8.3.9 车内饰材质设置

在"材质编辑器"的"材质工作区"上方单击"清除图表"按钮，将"材质工作区"里的材质节点网络清除。单击创建一个Arnold的aiStandardSurface（标准表面材质球），更改材质球名称为Car_Interior1，单击"预设"选择Copper（黄铜材质），在"大纲视图"中选择车内饰材质模型，然后在"材质编辑器"的"材质工作区"中的Car_Interior1（车内饰材质）图标处右击，选择弹出的"将材质指定给视口选择"菜单，将车内饰材质指定给场景车内饰模型，如图8-16所示。

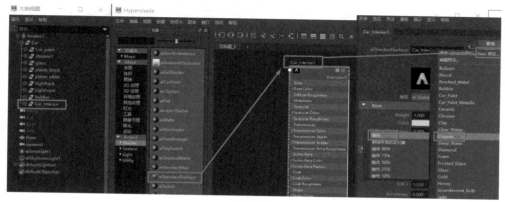

图8-16

8.4　灯光设置与材质调整

Step01　执行Arnold→Lights→Area Light（区域光）命令，为场景创建一盏区域光，按Ctrl+A组合键，打开区域光的属性，将其属性下的Exposure（曝光度）设置为5，Samples（采样率）设置为3，将其放置在汽车顶部位置，如图8-17所示。

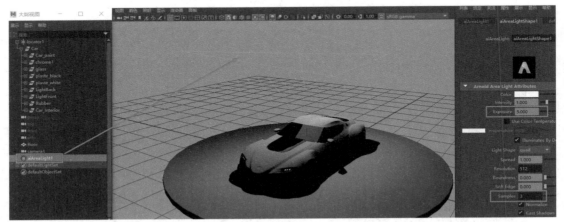

图8-17

Step02　切换到摄影机视角，执行Arnold→Open Arnold RenderView命令，打开Arnold的IPR交互式渲染器，如图8-18所示。

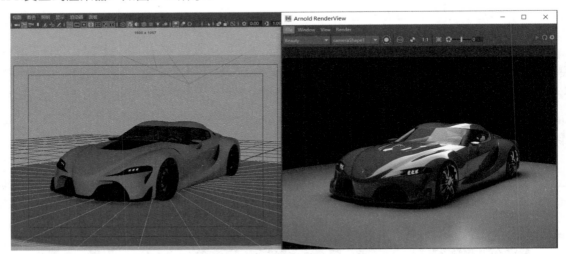

图8-18

Step03　为了在汽车车漆和挡风玻璃中获得真实的颜色和镜面反射，这里为场景添加HDRI贴图。在环境球的Color（颜色）通道链接本章提供的一张HDRI贴图素材。将环境球的Intensity（强度）降低为0.8，Resolution（分辨率）设置为3000，Samples（采样率）设置为3，如图8-19所示。

图8-19

Step04 打开玻璃"预设"材质，调整汽车玻璃的颜色，然后将玻璃材质的Transmission（透明）卷展栏下的Weight（权重）设置为0.8，Color（颜色）设置为浅蓝色，如图8-20所示。

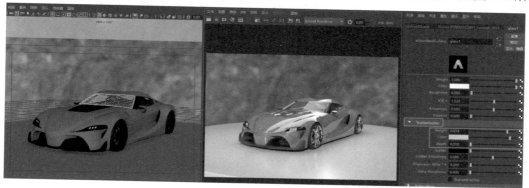

图8-20

Step05 调整铬合金材质，因颜色整体偏亮，故将铬合金材质中Base卷展栏下的Weight（权重）调整为0.8，以降低颜色亮度，如图8-21所示。

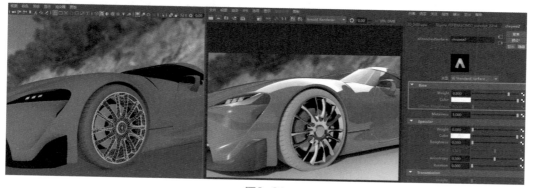

图8-21

Step06 调整汽车轮胎橡胶材质，设置橡胶材质中Base卷展栏下的Weight（权重）为0.6，将Color（颜色）调整为深灰色，如图8-22所示。

图8-22

Step07 将汽车前面反光灯材质的Transmission（透明）卷展栏下的Weight（权重）设置为0.831，Color（颜色）设置为蓝色。将Emission（自发光）卷展栏下的Weight（权重）设置为5，Color（颜色）设置为蓝色，如图8-23所示。详细操作请参看微课视频。

图8-23

Step08 将汽车后面车灯材质的Transmission（透明）卷展栏下的Weight（权重）设置为0.416，Color（颜色）设置为红色。将Emission（自发光）卷展栏下的Weight（权重）设置为5，Color（颜色）设置为暗红色，如图8-24所示。

图8-24

Step09 在"材质编辑器"中创建一个aiShadowMatte（阴影蒙版）材质，在场景中选择地面模型，并将阴影蒙版材质指定给地面模型。在"渲染视图"中，单击"渲染当前帧"图标渲染汽车，此时会看到环境球背景渲染在图像平面上，并具有阴影蒙版材质创建的汽车阴影效果，如图8-25所示。

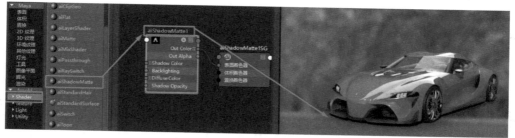

图8-25

Step10 在场景中选择环境球模型，按Ctrl+A组合键，在环境球的aiSkyDomeLightShape1属性的Visibility卷展栏中将Camera（摄影机）属性设置为0，关闭环境球背景图像的显示，如图8-26所示。

图8-26

Step11 接下来为汽车进行AOVs（多通道渲染）图像输出，打开"渲染设置"窗口，设置渲染器为Arnold Renderer（Arnold 渲染器），然后在"公用"属性下的"文件输出"卷展栏下的"文件名前缀"输入"Car"，"图像格式"选择"tif"图像格式，如图8-27所示。

图8-27

Step12 将"公用"属性的"可渲染摄影机"卷展栏下的Renderable Camera选择为camera1。将"图像大小"卷展栏下的"宽度"设置为1600,"高度"设置为1067,如图8-28所示。

图8-28

Step13 然后在"渲染设置"窗口的AOVs属性的AOV Browser卷展栏中分别设置汽车的diffuse、emission、shadow_matte、specular、transmission渲染通道,如图8-29所示。

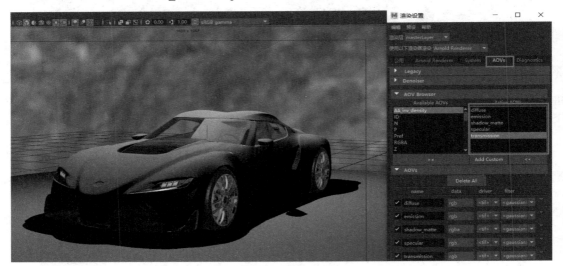

图8-29

Step14 执行Arnold→Open Arnold RenderView命令,打开Arnold的IPR交互式渲染器。可以在交互式渲染器里分别选择diffuse、emission、shadow_matte、specular、transmission查看汽车的各通道渲染效果,如图8-30所示。

Step15 开启区域光的软边属性,将区域光的aiAreaLightShape1属性的Arnold Area Light Attributes卷展栏中的"Soft Edge"(软边)设置为0.6,可以为灯光的边缘指定平滑衰减,如图8-31所示。渲染会发现在汽车车漆和挡风玻璃中间会产生一个更柔和的灯光镜面反射效果。

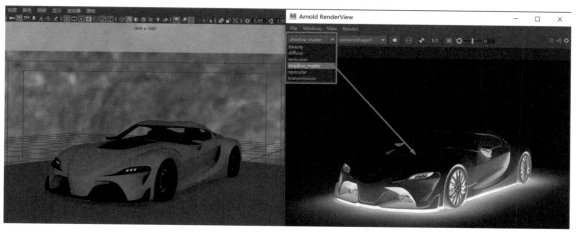

图8-30

图8-31

8.5　渲染设置

Step01　切换到渲染模块，执行"渲染"→"渲染序列"命令，将弹出的"渲染序列"窗口中的"当前摄影机"选择为camera1，"备用输出文件位置"重新指定到工程中的images文件夹内，单击"渲染序列并关闭"按钮，如图8-32所示。

Step02　汽车渲染序列图像将保存到项目的 images 文件夹。汽车序列图像渲染完成后，可以到工程文件images中查看汽车beauty、diffuse、emission、shadow_matte、specular、transmission各通道渲染效果，如图8-33所示。

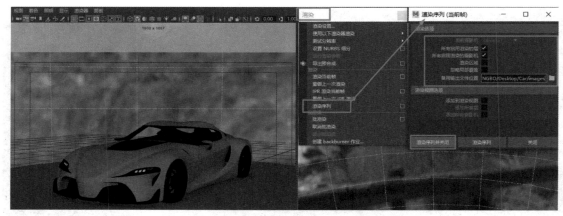

图8-32

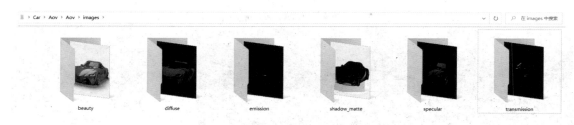

图8-33

8.6 图像合成

Step01 打开PS软件,将本章提供的合成背景图拖入PS软件中,如图8-34所示。

图8-34

Step02 按Shift键同时将汽车的beauty、diffuse、emission、shadow_matte、specular、transmission各通道渲染图像依次拖拽入PS软件中，如图8-35所示。

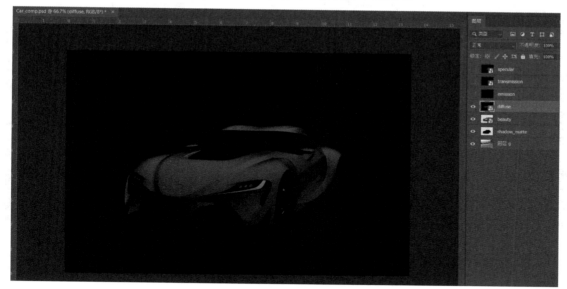

图8-35

Step03 选择shadow_matte层，执行"图像"→"调整"→"反向"命令，放在背景层的上面，Beauty层的下面，shadow_matte层的作用主要是产生汽车阴影效果，突显汽车的重量感，如图8-36所示。

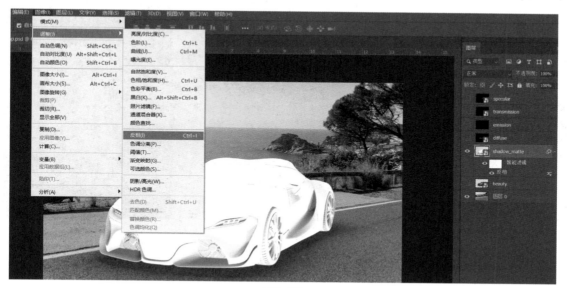

图8-36

Step04 将emission（发光层）、specular（高光层）的图层"混合模式"设置为"滤色模式"，将diffuse（漫反射层）和transmission（透射层）的图层"混合模式"设置为"变亮模式"，如图8-37所示。

图8-37

Step05 选择背景层执行"滤镜"→"模糊"→"高斯模糊"命令，半径设置为2，单击"确定"按钮，如图8-38所示。虚化背景的作用是突显渲染合成的汽车主体。

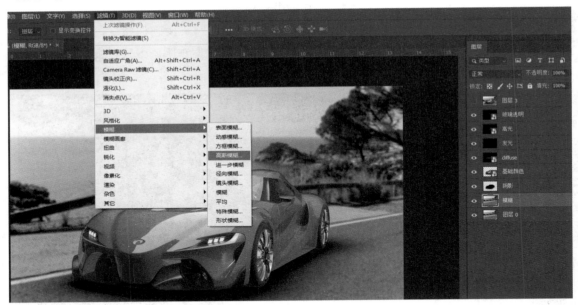

图8-38

Step06 选择diffuse（漫反射层）然后执行"色相/饱和度"命令，通过调整色相饱和度中的色相滑条，可以得到不同的车漆颜色效果，如图8-39所示。

Step07 最终对合成的PS工程文件进行保存，然后再保存输出红色车漆效果，如图8-1所示。

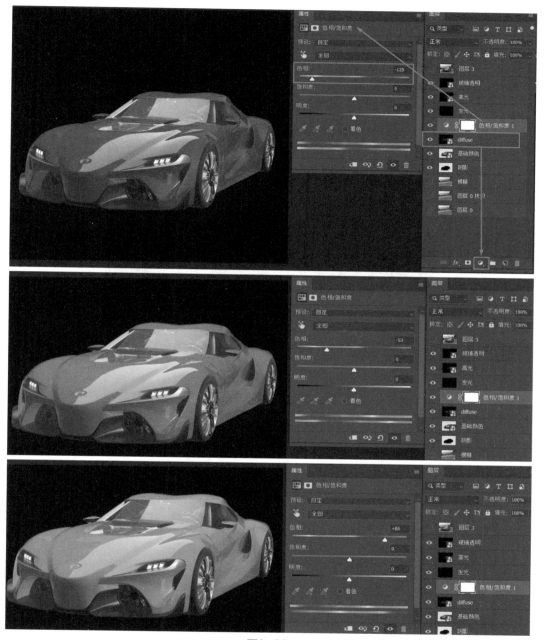

图8-39

8.7　课后练习

（1）综合运用本章所学知识进行质感汽车的材质渲染与合成练习。

（2）根据本章提供的汽车渲染角度和背景图，进行汽车材质渲染与合成，参考效果如

图8-40所示。制作思路：

● 汽车材质的调节与渲染。

● 汽车分层渲染与PS合成。

图8-40